计算机信息网络安全研究

付媛媛 王 鑫 著

北京工业大学出版社

图书在版编目（CIP）数据

计算机信息网络安全研究 / 付媛媛， 王鑫著. — 北京：北京工业大学出版社， 2019.11（2022.5 重印）
ISBN 978-7-5639-7029-2

Ⅰ．①计… Ⅱ．①付… ②王… Ⅲ．①计算机网络—网络安全—研究 Ⅳ．① TP393.08

中国版本图书馆 CIP 数据核字（2019）第 247651 号

计算机信息网络安全研究

著　　者：付媛媛　王　鑫
责任编辑：刘连景
封面设计：点墨轩阁
出版发行：北京工业大学出版社
　　　　　（北京市朝阳区平乐园 100 号　邮编：100124）
　　　　　010-67391722（传真）　bgdcbs@sina.com
经销单位：全国各地新华书店
承印单位：三河市明华印务有限公司
开　　本：710 毫米 ×1000 毫米　1/16
印　　张：14
字　　数：280 千字
版　　次：2019 年 11 月第 1 版
印　　次：2022 年 5 月第 3 次印刷
标准书号：ISBN 978-7-5639-7029-2
定　　价：58.00 元

版权所有　　翻印必究

（如发现印装质量问题，请寄本社发行部调换 010-67391106）

前 言

计算机信息网络安全是指网络系统的硬件、软件及其系统中的数据受到保护，不因偶然的或者恶意的原因而遭到更改、破坏或泄露等，保持系统连续可靠地运行，网络服务不中断。随着计算机网络技术的发展，计算机信息网络的安全问题越来越受到关注，信息网络安全已经超越其本身而达到国家安全的高度。

本书第一章为绪论，主要阐述计算机信息安全概述、计算机信息系统面临的威胁、信息安全的技术环境、信息系统的物理安全等内容；第二章为计算机系统安全，主要阐述计算机的脆弱性与可靠性、操作系统安全技术、可信操作系统、程序系统安全、安全软件工程等内容；第三章为网络安全，主要阐述网络安全概述、网络安全面临的威胁以及网络安全的体系结构等内容；第四章为物理安全，主要阐述物理安全概述、环境安全、供电系统安全、设备安全等内容；第五章为局域网安全，主要阐述局域网安全概述、网络监听与协议分析、虚拟局域网安全技术与应用、无线局域网安全技术等内容；第六章为数据库与数据安全，主要阐述数据库安全概述、数据库的安全特性、数据库的安全保护、数据的完整性、数据备份与恢复、网络备份系统等内容；第七章为网络防火墙技术，主要阐述网络防火墙概述、网络防火墙的管理与维护以及网络防火墙的发展趋势等内容；第八章为认证与数字签名，主要阐述信息认证技术、数字签名、数字证书、多变量公钥密码系统等内容；第九章为计算机病毒的防治，主要阐述计算机病毒的特点与危害、典型计算机病毒分析、计算机病毒的症状、病毒与漏洞的关系、防杀网络病毒的软件等内容。

本书共 9 章约 25 万字。其中第一章、第二章、第五章、第六章和第九章共约 15 万字，由湖南艺术职业学院付媛媛撰写；第三章、第四章、第七章和第八章共约 10 万字，由陕西科技大学王鑫撰写。为了确保研究内容的丰富性和多样性，笔者在写作过程中参考了大量理论与研究文献，在此向涉及的专家学者表示衷心的感谢。最后，由于笔者水平有限，加之时间仓促，本书难免存在一些疏漏，在此，恳请同行专家和读者朋友批评指正！

目 录

第一章 绪 论 ·· 1
第一节 计算机信息安全概述 ·· 1
第二节 计算机信息系统面临的威胁 ·· 9
第三节 信息安全的技术环境 ·· 12
第四节 信息系统的物理安全 ·· 22

第二章 计算机系统安全 ··· 29
第一节 计算机系统的脆弱性与可靠性 ·· 29
第二节 操作系统安全技术 ··· 30
第三节 可信操作系统 ·· 42
第四节 程序系统安全 ·· 51
第五节 安全软件工程 ·· 55

第三章 网络安全 ··· 67
第一节 网络安全概述 ·· 67
第二节 网络安全面临的威胁 ·· 75
第三节 网络安全的体系结构 ·· 80

第四章 物理安全 ··· 87
第一节 物理安全概述 ·· 87
第二节 环境安全 ··· 89
第三节 供电系统安全 ·· 95
第四节 设备安全 ··· 99

第五章 局域网安全 ·· 103
第一节 局域网安全概述 ··· 103

第二节　网络监听与协议分析……………………………………… 109
　　第三节　虚拟局域网安全技术与应用……………………………… 111
　　第四节　无线局域网安全技术……………………………………… 114

第六章　数据库与数据安全………………………………………………… 119
　　第一节　数据库安全概述…………………………………………… 119
　　第二节　数据库的安全特性………………………………………… 126
　　第三节　数据库的安全保护………………………………………… 128
　　第四节　数据的完整性……………………………………………… 133
　　第五节　数据备份与恢复…………………………………………… 139
　　第六节　网络备份系统……………………………………………… 143

第七章　网络防火墙技术…………………………………………………… 149
　　第一节　网络防火墙概述…………………………………………… 149
　　第二节　网络防火墙的管理与维护………………………………… 164
　　第三节　网络防火墙的发展趋势…………………………………… 167

第八章　认证与数字签名…………………………………………………… 171
　　第一节　信息认证技术……………………………………………… 171
　　第二节　数字签名…………………………………………………… 178
　　第三节　数字证书…………………………………………………… 183
　　第四节　多变量公钥密码系统……………………………………… 189

第九章　计算机病毒的防治………………………………………………… 195
　　第一节　计算机病毒的特点与危害………………………………… 195
　　第二节　典型计算机病毒分析……………………………………… 202
　　第三节　计算机病毒的症状………………………………………… 208
　　第四节　病毒与漏洞的关系………………………………………… 210
　　第五节　防杀网络病毒的软件……………………………………… 213

参考文献……………………………………………………………………… 215

第一章 绪 论

随着计算机网络的发展,信息共享的应用越来越广泛。然而,当信息在公共通信网络上存储、共享和传输时,就会被非法拦截、截获、篡改或销毁,造成无法估量的损失。尤其是银行系统、商业系统、管理部门、政府或军事领域更关注公共通信网络中存储和传输的数据安全问题。本章分为计算机信息安全概述、计算机信息系统面临的威胁、信息安全的技术环境、信息系统的物理安全四部分,主要包括计算机信息安全的定义、计算机信息安全的含义、计算机安全的特征、环境安全、设备安全、人员安全、物理安全等方面的内容。

第一节 计算机信息安全概述

一、计算机信息安全的定义

(一)信息定义

早在1948年,克劳德·艾尔伍德·香农博士在《通信的数学理论》中,从数学的角度对信息进行了相关描述,他对信息的定义可以理解为:"信息是消除不确定性的东西。"我们认为信息是一种信息系统进行加工和处理的对象。信息通过一定数据形式展现,进而通过一定的载体进行存储和传输。信息作为一种对象,和自然界中的事物一样,有产生、发展和消亡的过程,我们称之为生命周期。信息的生命周期包括信息的产生、存储、传输、处理和销毁等诸多环节。信息系统正是信息在生命周期中的生存环境,即信息是信息系统的处理对象,信息系统是信息赖以生存的环境。就信息系统而言,我国国家标准《信息安全事件分类分级指南》(GB/Z 20986—2007)中认为,信息系统是"由计算机及其相关的和配套的设备、设施(含网络)构成的按照一定的应用目标和规则对信息进行采集、加工、存储、传输、检索等处理的人机系统"。

我们认为信息系统是为信息生命周期提供服务的各类软硬件资源的总称。

（二）安全定义

通俗地讲，所谓安全就是"不出事或感觉不到要出事的威胁"。可见，安全关系到两件事：一件是已经发生的事，即安全事件；另一件是未发生但可能引发安全事件的事，即安全风险。例如，操作系统遭受漏洞型病毒攻击事件属于已经发生的安全事件，而操作系统没有更新补丁而存在被攻击的系统漏洞则是属于系统的脆弱性，是可能导致安全事件的安全风险。

（三）信息安全定义

广义而言，所有与信息的完整性、保密性、真实性、可用性和可控性相关的技术和理论都是信息安全的研究领域。以下是信息安全的一般定义：计算机信息安全是指保护计算机信息系统中的硬件、软件、网络和数据免受意外或恶意的原因，如损坏、变更和泄露，系统的持续、可靠和正常运行，以及不间断的信息服务。

二、计算机信息安全的含义

（一）从用户的角度来看

用户最关心的是如何确保他们有关个人隐私或商业利益的数据在传输、交换和存储过程中受到机密性、完整性和真实性的保护，以防止他人（尤其是他们的竞争对手）通过窃听、伪造、篡改和抵赖来损害和侵犯他们的利益和隐私。并且，用户也希望他们存储在某个网络信息系统中的数据不会被其他未经授权的用户访问和销毁。

（二）从网络运行和管理者的角度来看

网络运行和管理者最关心的是如何保护和控制其他人对本地网络信息的访问、读写操作等。例如，防止病毒、非法获取拒绝服务、非法占用和非法控制网络资源等现象，并防止和防御网络黑客的攻击。

（三）从安全部门和国家行政部门的角度来看

安全部门和国家行政部门最关心的是如何有效过滤和防止非法、有害或国家机密信息，以避免非法披露。秘密敏感信息会危及社会稳定，会给国家造成巨大的经济和政治损失。

（四）从社会教育和意识形态的角度来看

他们最关心的是如何消除和控制网络上不健康的内容。有害的黄色内容将会对社会稳定和人类发展产生负面影响。

三、计算机信息安全体系

（一）物理安全

物理安全主要涉及硬件设备和机房环境等各种物质载体，也可以理解为硬件安全。硬件设施是承载和实现信息系统功能的基本条件，因此物理安全也是最直接、最原始的攻防对象。不难想象，假如连服务器硬件都已经落入攻击者手里，再严密的防火墙策略、复杂无比的操作密码等实际上也形同虚设。

（二）系统安全

系统安全考虑的对象主要是操作系统，操作系统是计算机中最基本、最重要的软件，包括 Windows、Linux、UNIX，以及路由交换设备的网际操作系统（Internetwork Operating System，IOS）等。系统安全的风险来自各种软件或所开放服务中的漏洞、忽视账号及权限管理、弱口令，以及潜伏在各种应用程序、多媒体文件中的木马和病毒等。与物理安全不同的是，系统安全的失陷往往一时难以发现，等到出现密码被盗、商业机密泄露等重大损失时，已经悔之晚矣。因此，操作系统安全是计算机安全系统的基础。

（三）数据安全

数据安全考虑的对象主要是各种需要保密的文档信息。数据文档包含了直接面向用户的各种敏感信息，如私密照片、产品配方、客户资料等，通常可以独立存在，而不依赖于具体的硬件、系统或网络，因此电子数据的窃取和保护也是安全的重要环节。

公开的共享目录、未加密的电子邮箱文件夹、缺少有效的备份策略、误删除文件，以及明文提交的网页表单、访问授权的失控等，都是可能导致信息泄漏的触发点。当然，数据安全的防护等级取决于用户的需求，对于越重要、越敏感的数据资料，越应该采取强力的保护和授权措施。

（四）网络安全

网络安全考虑的对象主要是面向网络的访问控制。面向网络提供服务是实现信息系统功能的最主要的形式，因此如何鉴别合法、不合法的访问变得尤为重要，特别是对于那些用户群体庞大、面向人员复杂的应用系统，如网站、电子邮件、FTP 服务器等，网络安全更是关注的焦点。

（五）人为因素

上述各种安全类别的介绍中，大都提到了对"用户""人员""权限"的控制。实际上，许多安全事故（如商业间谍、网银大盗等）都是由于人为因素造成的。安全领域有一个"社会工程学"的概念，指的就是利用人的信任、贪婪、好奇心等心理特点，通过交谈、欺骗、假冒甚至贿赂等手段来套取用户账号、特权密码、商业机密等敏感信息，从而对受害者的信息系统带来极大的安全隐患。因此信息系统中的人员管理、权限分配、安全审计等，也是不可忽视的重要工作。

1. 预防为主

企业网络的安全性要求比起个人计算机来说高出许多，所以在安全管理中一切要以预防为主，不能等到网络安全事故出现时才想办法去弥补。管理员应根据企业实际的需求制定出一套完善的解决方案。

2. 开展计算机安全使用培训

许多企业中普通用户的安全意识不高，从而导致系统受到病毒袭击、木马入侵。只有将普通用户的安全意识提升到一定高度，企业才会实现真正意义上的安全。

3. 不访问可疑资源

大量的真实案例表明，钓鱼网站、恶意软件是造成用户密码泄露和数据丢失的罪魁祸首，所以，应时刻做到可疑的网站不访问、来历不明的软件不下载，并以此养成良好的上网习惯，这是保护计算机信息安全的第一道防线。

4. 不随意使用移动存储设备

U 盘、移动硬盘是计算机病毒的一个重要来源，也是企业重要信息泄露的一个重要途径。如果有用户将自己的移动存储设备带到企业使用，就极有可能使整个网络染上病毒；如果办公计算机存放了一些机密数据，也很可能被不法之徒复制导致泄露。因此，最好在互补金属氧化物半导体（CMOS）中禁用 USB 接口和光驱，并给基本输入输出系统（BIOS）设置密码，以此杜绝非法用户修改 CMOS 设置进入系统，或者使用一些可能给系统带来安全隐患的设备。

四、计算机信息安全的特征

（一）保密性

保密性是信息不向未经授权的用户、实体或进程披露或禁止由未经授权的用户、实体或进程使用的一种特性，即信息不能作为实体向未经授权的个人披露，并且信息仅由经授权的用户使用。我们首先知道的是信息不应该泄露，所以我们应该保护它。人们已经认识到授权问题是涉及人的，也就是说，信息的泄露就是未经授权的人的披露。然后我们意识到，从积极的角度来看，保密要求只是授权人员可以访问的东西。

此外，众所周知，信息有不同级别的保密要求。不同安全级别的信息访问由信息系统的访问控制组件根据系统安全策略和访问控制模型来控制。随着信息技术的发展，信息系统的组成是人与机器的结合。它的真实对象不仅包括用户，还包括代表用户或由用户使用的自动化机器和软件逻辑的实现过程。这些实体还需要基于安全级别的访问控制。

（二）完整性

从只考虑数据的完整性，到考虑操作系统的逻辑正确性和可靠性，再到实现保护机制的硬件和软件的逻辑完整性，数据结构和存储实例的一致性，NST的陈述来自大量事实。目前，人们发现系统中的大量漏洞从根本上是由逻辑的正确性和可靠性造成的，尤其是信息系统的核心操作系统受到的影响最为严重。当然，这个问题也存在于实现保护机制的软件和硬件中。这个问题指出了一个明确但极其困难的目标——逻辑的正确实现。同时，它还指出完整性的破坏来自三个因素：未经授权、意外和无意。信息技术发展迅速。在技术应用的过程中，除了人为的恶意破坏之外，还可能存在由于能力和质量不合格而导致的误操作，以及由于没有预期的系统程序漏洞而导致的误操作。它们也影响信息完整性，需要完整性保护措施来防止它们。

（三）真实性

真实性包括验证传输、消息和消息源的真实性，它的作用不能被完整性所取代。这不仅是技术保证的要求，也是人员责任的要求。真实性要求用户认证和信息源认证，这些功能离不开密码学的支持。在非对称密码出现之前，这是一个大问题，非对称密码机制的出现解决了这个难题。随着人类社会步入信息时代，信息的真实性和安全性受到越来越多的关注。

（四）可用性

可用性要求包括信息、信息系统和系统服务可由授权实体在适当的时间以所需的方式及时可靠的访问，即使信息系统部分损坏或需要降级才能使用，也可向授权用户提供有效的服务。

应当注意，可用性为不同级别的用户提供相应级别的服务。信息访问的具体级别和形式由信息系统根据系统安全策略通过访问控制机制来实现。此外，我们认为信息的可用性与硬件可用性、软件可用性、人员可用性、环境可用性等相关。如果没有信息环境，谈论信息的可用性是不科学的。

（五）可控性

可控性是指控制信息的传播和内容的能力。授权机构可以随时控制信息的保密性，并可以对信息实施安全监控。

五、信息安全保障对象

信息安全的直接目标是信息。信息安全是通过对信息、载体和信息环境使用相关的安全技术来保证的。信息安全的最终目标是为组织提供业务连续性。信息安全通过使用与信息、载体和环境相关的安全技术来确保信息安全。这些技术包括密码学和应用技术、网络安全技术、平台安全技术、应用安全技术、数据安全技术和物理安全技术。

（一）本质对象

业务是组织正常运作的核心活动，其连续性直接关系到一个组织能否继续履行其职能。组织业务的保证要求组织投入人力、物力和财力来维持组织业务的发展。随着信息化水平的提高，企业对信息资源的依赖性越来越强，对信息资源的安全性提出了严格的要求，使得信息安全保障成为信息组织中的一个重要环节。

例如，银行系统提供的储蓄业务完全依赖于信息系统。如果计算机系统崩溃，磁盘损坏，电源故障，它就不能继续运行。幸运的是，所有银行系统在制定安全政策时都考虑到了上述因素，如数据安全技术中的冗余备份方法用于备份计算机系统、数据磁盘、业务数据，甚至准备发电机以应对断电等异常情况，这些都得益于信息安全的应用。

（二）实体对象

1. 信息

作为一个实体对象，信息由载体以特定的形式携带。这些形式可以体现为某种数字格式，如视频、声音、图形等。在信息系统中，有一种特定的数据存储格式，即二进制字节和数据位。这样不仅保证了特定数据的安全性，而且保证了它所携带的信息的安全性。数据的保密性、完整性和真实性等安全特性是其所承载信息安全特性的具体体现。

2. 载体

由于信息本身不是有形的实体，它只是包含在情报、指令、数据和信号中的内容，所以它必须通过某种媒介传输。载体是信息传播中承载信息的媒介，是信息添加的物质基础。它是一个记录、传输、积累和存储信息的实体，包括以能量和介质为特征的无形载体，以通过声波、光波和电波传输信息为特征的有形载体，以及记录、传输和存储信息的物理形式，如光盘、硬盘等存储介质。各种媒体都是一种载体。信息系统采用物理安全技术来保证介质物理形式的安全，并采用数据安全技术来保证介质中数据逻辑形式的安全。

从某个角度来看，保护载体就是保护信息本身。信息与载体的关系非常类似于灵魂与身体的关系，载体的破坏将直接导致信息的消失。

3. 环境

这里的环境指的是信息环境，即涉及信息整个生命周期的软件和硬件资源，然后延伸到更大类别的信息载体、信息系统的物理环境等。

①在信息环境中，信息以数据的形式存储在存储介质中，在应用信息系统中处理，并在网络通信系统中传输。

②在物理环境中，一方面，必须保证信息载体的物理安全性；另一方面，要保证信息系统和网络系统硬件平台的安全。

六、社会文明发展与信息通信技术

信息通信技术的发展史是人类文明发展史的重要组成部分，人类文明的发展促进了信息和通信技术的发展，二者是不可分割的。

（一）社会文明的发展过程

在古代，人们通过简单的形式进行交流，如灯塔和鸽子。19世纪30年代，随着电力的使用和电报的发明，有线通信技术得到了发展。1875年有线电话的发明进一步发展了通信技术。19世纪末，随着电磁波的发现和无线电报的发明，无线通信技术得到了发展。20世纪70年代，蜂窝通信系统的建设使移动通信成为可能。而人造通信卫星的发射则促进了移动通信技术的快速发展。随着计算机的发明和互联网的出现，通信技术发生了革命性的变化。电子邮件的广泛使用颠覆了传统的通信模式。目前，互联网已经发展成为一个以各种媒体形式传播信息的复杂巨系统。

（二）未来社会的信息技术发展趋势

近几个世纪以来，人类文明经历了农业革命、工业革命和信息革命，发展迅速。但是人们的生活习惯让人们重新坐下，坐在他们的桌子和电脑前。如何让人们站起来离开办公桌，随时随地方便地处理信息，是未来社会信息技术发展的主要趋势。随着计算机的发明和互联网的应用，通信已经实现数字化。移动通信技术的发展、智能移动通信终端的普及、平板电脑的出现等都为这种"让人站立"的移动技术的发展奠定了坚实的技术基础，各种移动应用软件和系统的应用也使这一发展趋势出现。

七、信息安全发展过程

随着通信技术、计算机技术和互联网技术的发展，信息安全的发展经历了以下几个阶段：数据通信安全、计算机安全、网络安全、信息安全和信息安全保障。

（一）数据通信安全

1949年，香农发表了《保密系统的通信理论》。该理论奠定了保密通信的基础，在此原理上进行的研究主要针对如何提高信息的机密性，即利用密码学理论进行信息加密处理。

1976年，德菲与黑尔曼两人发表的《密码学的新方向》一文，提出了非对称密码体制，即公钥密码体制。这给密码学带来了革命性的发展，该体制也为信息安全提供的其他属性奠定了基础。

1977年，美国国家标准局发布了数据加密标准。该标准的发布和应用使人们逐渐认识到信息保密性和完整性的必要性。在此之前，人们的研究重点主要是如何使用加密算法来加强信息机密性。因此，这个阶段被称为数据通信安全阶段。目前，加密方法仍然采用经典密码的加密形式，如密码本、密码机等。

（二）计算机安全

随着计算机的应用和文件操作系统的出现，计算机系统的安全问题日益突出。非法访问、恶意代码、密码安全等问题威胁到计算机系统的物理安全、数据安全和应用软件运行安全，从而威胁到信息存储、处理和传输过程的保密性和完整性。

（三）网络安全

20 世纪 90 年代，随着互联网的应用和普及，网络安全成为一个热门的研究课题。随着互联网的快速发展，网络系统面临着协议固有的缺陷、网络系统的脆弱性等漏洞，以及网络攻击和入侵、恶意代码等威胁。针对这些漏洞和威胁，防火墙、入侵检测、漏洞扫描、防病毒软件、虚拟专用网络、公钥基础设施等技术相继出现，其相关产品广泛应用于各种网络系统中。

（四）信息安全

经过前三个阶段的发展，信息载体和生存环境的安全问题得到了很好的解决，信息安全进入了全面发展阶段。保护个人利益的信息可用性、保密性和完整性已成为信息安全的三个核心属性，主要解决最终用户服务连续性、个人信息隐私、电子商务完整性等活动的问题。同时，信息的真实性、不可否认性、可控性和可靠性等安全属性也逐渐受到重视。

（五）信息安全保障

在信息安全阶段，信息的可用性是第一要务。现阶段，信息安全相关基础理论、安全基础设施技术、基础设施安全技术、基础设施建设等方面趋于成熟。国际社会的发展越来越依赖信息安全。信息安全是能源、交通、电信、银行、证券、保险等核心领域组织业务和国家安全的保障。

第二节　计算机信息系统面临的威胁

一、利用漏洞

通过特定的操作或特殊的漏洞攻击程序，操作系统和应用软件中的漏洞可以用来入侵系统或获得特殊权限。溢出攻击也是一种利用漏洞的攻击方法，它通过向程序提交超长数据并结合特定的攻击代码，可能会导致系统崩溃，或者执行非授权的指令，获取系统特权等，从而产生更大的危害。结构化查询语言

（SQL）注入是一种典型的网页代码漏洞利用方式。大量的动态网站页面中的信息，都需要与数据库进行交互，若缺少有效的合法性验证，则攻击者可以通过网页表单提交特定的 SQL 语句，从而查看未授权的信息，获取数据操作权限等。

二、暴力破解

暴力破解多用于密码攻击领域，即使用各种不同的密码组合反复进行验证，直到找出正确的密码。这种方式也称为"密码穷举"，用来尝试的所有密码集合称"密码字典"。从理论上来说，任何密码都可以使用这种方法来破解，只不过越复杂的密码需要的破解时间也越长。例如，破解 WiFi 密码、压缩文件密码、office 文件密码等。

三、木马植入

通过向受害者系统中植入并启用木马程序，在用户不知情的情况下窃取敏感信息（如 QQ 密码、银行账号、机密文件），甚至夺取计算机的控制权。当访问一些恶意网页、聊天工具中的不明链接，或者使用一些破解版软件，单击未知类型的电子邮件附件，甚至打开网友发来的所谓的照片、视频等文件时，都有可能被悄悄地植入木马。

木马程序好比潜伏在计算机中的电子间谍，通常伪装成合法的系统文件，具有较强的隐蔽性、欺骗性，基本都具有键盘记录和截图功能，收集的信息将会自动发送给攻击者。黑客通过 QQ 黏虫弹出的假冒登录窗口得到用户输入的账号和密码。

四、病毒/恶意程序

目前，全世界已发现数万种计算机病毒。计算机病毒的数量已经达到相当大的规模，新的病毒仍在出现。随着计算机技术的不断发展和病毒对计算机系统和网络依赖性的增加，计算机病毒已经成为对计算机系统和网络的严重威胁。与木马程序不同的是，计算机病毒（Virus）、恶意程序的主要目的是破坏（如删除文件、拖慢网速、使主机崩溃、破坏分区等），而不是窃取信息。其中病毒程序具有自我复制和传染能力，可以通过电子邮件、图片和视频、下载的软件、光盘等途径进行传播；而恶意程序一般不具有自我复制、感染能力等病毒特征。病毒或恶意程序就好比进入计算机中的电子流氓，其明目张胆的破坏能力极具危害性，如臭名昭著的CIH病毒、千年虫、冲击波、红色代码、熊猫烧香等病毒。

五、系统扫描

事实上，系统扫描不是真正的攻击，而是攻击的前奏。攻击是指使用工具软件检测目标网络或主机的过程。通过扫描过程，可以获得目标的系统类型、软件版本和端口打开情况，并且可以发现已知或潜在的漏洞。

攻击者可以根据扫描结果来决定下一步的行动，如选择哪种攻击方法、使用哪种软件等；防护者可以根据扫描结果采取相应的安全策略，封堵系统漏洞、加固系统和完善访问控制等。

六、拒绝服务

拒绝服务（Denial of Service, Dos）顾名思义，指的是无论通过何种方式，最终导致目标系统崩溃、失去响应，从而无法正常提供服务或资源访问的情况。导致拒绝服务的手段可以有很多种，包括物理破坏、资源抢占等。

DoS攻击中比较常见的是洪水方式，如SYN Flood、Ping Flood。SYN Flood攻击利用TCP协议三次握手的原理，发送大量伪造源IP地址的同步序列编号（SYN），服务器每收到一个SYN就要为这个连接信息分配核心内存并放入半连接队列，然后向源地址返回SYN+ACK，并等待源端返回确认字符（ACK）。由于源地址是伪造的，所以源端永远都不会返回ACK。如果短时间内接收到的SYN太多，半连接队列就会溢出，操作系统就会丢弃一些连接信息。这样客户发送正常的SYN请求连接也会被服务器丢弃。Ping Flood通过向目标发送大量的数据包，导致对方的网络堵塞、带宽耗尽，从而无法提供正常的服务。

七、网络钓鱼

通过论坛、QQ、电子邮件、短信、弹出广告等途径发送声称来自某银行、某购物网站或其他知名机构（如网监、公安等）的欺骗信息，引诱受害者访问伪造的网站，以便收集用户名、密码、信用卡资料等敏感信息。

八、中间人攻击

中间人攻击（Man-In-The-MiddleAttack，MITM）是一种古老且至今依然生命旺盛的攻击手段。MITM攻击就是攻击者伪装用户，然后拦截其他计算机的网络通信数据,并进行数据篡改和窃取,而通信双方毫不知情。常用的方法有地址解析协议(ARP)欺骗、域名系统协议(DNS)欺骗等。例如,攻击者Host2回复假的局域网地址(MAC)信息,导致Host3无法与Host1通信。如果攻击者针对通信双方都进行ARP欺骗,并且从中截获数据,则构成中间人攻击。这种方式中受害主机的通信基本不受影响,往往不易察觉,因此危害也更大。

第三节 信息安全的技术环境

一、环境安全

环境安全(Environmental safety)是指对系统所处环境的安全保护。例如,设备的运行环境需要适当的温度和湿度、尽可能少的烟雾、不间断的电源保证等。计算机系统硬件由电子设备、机电设备和磁光材料组成。这些设备的可靠性和安全性与环境条件密切相关。如果环境条件不能满足设备对环境的使用要求,物理设备的可靠性和安全性将会降低,在轻的情况下会造成数据或程序的错误和损坏,在重的情况下会加速部件的老化,缩短机器的使用寿命,或者由于故障使系统不能正常运行,在严重的情况下也会危及设备和人员的安全。

(一)机房安全等级

计算机系统中的各种数据可以根据其重要性和机密性分为不同的级别,并且需要提供不同级别的保护。如果高级数据受到较低级别的保护,将导致不必要的损失,或者为不重要的信息提供冗余保护,造成不必要的浪费。因此,机房的安全管理应规定不同的安全级别。根据国标《计算站场所安全要求》,计算机机房的安全等级分为三级,A级要求具有最高安全性和可靠性的机房;C级则是为确保系统作一般运行而要求的最低限度安全性、可靠性的机房;介于A级和C级之间的则是B级。计算机房安全等级的划分如表1-1所示。

表1-1 机房的安全等级

安全项目 \ 安全等级	C级	B级	A级
场地选择	—	⊙	⊙
防火	⊙	⊙	⊙
内部装修	—	⊙	◎

续表

安全项目 \ 安全等级	C级	B级	A级
供配电系统	⊙	⊙	◎
空调系统	⊙	⊙	◎
防火报警及消防设施	⊙	⊙	◎
防水	—	⊙	◎
防静电	—	⊙	◎
防雷击	—	⊙	◎
防鼠害	—	⊙	⊙
防电磁波干扰	—	⊙	⊙

注："—"表示无要求;"⊙"表示有要求或增加要求;"◎"表示要求与前级相同。

（二）机房环境基本要求

1. 温度、湿度以及空气含尘浓度

计算机机房内温度、湿度应满足下列要求。

① 开机时计算机机房内的温度、湿度要求，应符合表1-2的规定。

表1-2 开机时计算机机房的温度、湿度要求

项目 \ 安全等级	A级		B级
	夏季	冬季	全年
温度 /℃	23±2	20±2	18—28
相对湿度	45%—65%		40%—70%
温度变化率	<5℃/h 并不得结露		<10℃/h 并不得结露

② 停机时计算机机房内的温度、湿度要求，应符合表1-3的规定。

表1-3 停机时计算机机房的温度、湿度要求

项目 \ 安全等级	A级	B级
温度 /℃	5—35	5—35
相对湿度	40%—70%	20%—80%
温度变化率	<5℃/h 并不得结露	<10℃/h 并不得结露

2.噪声、电磁干扰、振动、静电及灯光

①主机房内的噪声,在计算机系统停机条件下,在主操作员位置测量应小于 68 dB(A)。

②主机房内无线电干扰场强,在频率为 0.15—1000 MHz 时,不应大于 126 dB。

③主机房内磁场干扰环境场强不应大于 800A/m。

④在计算机系统停机条件下,主机房地板表面垂直以及水平方向的振动加速度值,不应大于 500 mm/s^2。

⑤主机房地面及工作台面的静电泄漏电阻,应符合国家标准《计算机机房用活动地板技术条件》的规定。

⑥主机房内绝缘体的静电电位不应大于 1 kV。

⑦主机房在离地 0.8 m 处的照度不应低于 300 lx,基本工作间在离地 0.8 m 处的照度不应低于 200 lx,其他房间则依照现行国家标准《建筑照明设计标准》执行。

⑧主机房为保证计算机设备的安全和工作人员的安全,必须依照现行国家标准《国家电子计算机场地通用规范》部署接地装置,防雷接地装置应遵循现行国家标准《建筑防雷设计规范》。

3.机房电源

为保障计算机系统的正常工作,必须保证电源的稳定和供电的正常,因此,电源的安全和保护问题不容忽视,供电应采取以下措施。

①设置多条供电线路,以防止线路出现问题后导致系统运行中断。

②对一些重要的设备配备不间断电源(UPS),以保证其能正常运转,还要制定不间断电源异常的应急计划。对不间断电源要定时检查储存的电量,并按照规定定期检测不间断电源。

③在机房中要配备备用发电机来应对长时间的断电,此外还要准备充足的燃料以支持发电机长时间发电,同时,还要定期对备用发电机进行检测及维护。

④机房用电负荷登记及供电要求应符合国家标准《供配电系统设计规范》要求,供电系统还要考虑预留备用容量,而且机房应由专用的电力变压器供电,供电电源技术应符合现行国家标准《国家电子计算机场地通用规范》。

⑤机房内其他设备不能由主机电源和不间断电源系统供电,从电源线到计算机电源系统的分电盘使用的电缆,除应符合现行国家标准《电气装置安装工程施工及验收规范》之外,载流量还要减少 50%。

⑥机房电源进线应按照现行国家标准《建筑防雷设计规范》采取防雷措施，且机房电源应采用地下电缆进线。

（三）机房场地环境

1. 机房外部环境要求

机房的位置应基于计算机能否长期稳定、可靠、安全的工作，在选择外部环境时，应考虑环境安全、地质可靠性和场地抗电磁干扰；应避免强振动源和噪声源；应避免靠近高层建筑、低层建筑或水设备。

同时，我们应该尽最大努力选择水电充足、环境清洁、交通和通信便利的地方。对于安全部门信息系统的机房，机房内的信息射频也应确认不易被泄露和窃取。为了防止计算机硬件辐射造成的信息泄露，最好在机组中心区域建一个机房。

2. 机房内部环境要求

①机房应拥有专用和独立的房间。
②经常使用的进出口应限于一处，以便于出入管理。
③机房内应留有必要的空间，其目的是确保灾害发生时人员和设备的撤离和维护。
④为了保证人员安全，机房应该设置应急照明设备和安全出口标志。
⑤机房应设在建筑物的最内层，而辅助区、工作区和办公用房应设在其外围。A级、B级安全机房应符合这样的布局，C级安全机房则不做要求。
⑥主机房的净高应以机房面积大小而定。计算机机房地板必须满足计算机设备的承重要求。

二、设备安全

广义而言，设备安全包括物理设备防盗、防止自然灾害或设备本身造成的损坏、防止电磁信息辐射造成的信息泄露、防止线路侦听造成的信息破坏和篡改、防止电磁干扰和电源保护等措施。狭义的设备安全是指使用物理手段来确保计算机系统或网络系统安全的各种技术。

（一）访问控制技术

访问控制的对象包括计算机系统的软件和数据资源，它们通常以文件的形式存储在硬盘或其他存储介质上。所谓访问控制技术是指保护这些文件免受非法访问的技术。

1. 智能卡技术

智能卡也被称为智能液晶卡，卡中的集成电路包括中央处理单元、可编程只读存储器、随机存取存储器和固化在只读存储器中的卡内操作系统。卡中的数据分为外部读取和内部处理，以确保卡中数据的安全性和可靠性。智能卡可以用作识别、加密/解密和支付工具。持卡人的信息记录在磁卡上，通常在读卡器读取磁卡信息后，持卡人还需要输入密码来确认持卡人的身份。如果此卡丢失，提货人不能通过此卡进入受限系统。

2. 生物特征认证技术

人体生物特征具有"人人不同，终身不变，随身携带"的特点，利用生物特征或行为特征可以对个人的身份进行识别。因为生物特征指的是人本身，没有什么比这种认证方法更安全和方便的了。生物特征包括手形、指纹、脸形、虹膜、视网膜和其他行为特征如签名、声音和按键强度等。基于这些特点，人们开发了多种生物识别技术，如指纹识别、人脸识别、语音识别、虹膜识别、手写识别等。基于生物特征的识别设备可以测量和识别人的特定生理特征，如指纹、手印、声音、笔迹或视网膜等。这种设备通常用于极其重要的安全场合，以严格和仔细地识别个人。

（1）指纹识别技术

指纹是手部皮肤表面隆起和凹陷的标志，是最早和最广为人知的生物认证特征。每个人都有独特的指纹图像。指纹识别系统将某人的指纹图像存储在系统中。当这个人想要进入系统时，他需要收集指纹，将指纹与存储在系统中的指纹进行比较和匹配，然后进入系统。

（2）手印识别技术

手印识别是通过记录每个人手上静脉和动脉的形状、大小和分布来实现的。指纹识别器需要收集整只手的图像，而不仅仅是手指。阅读时，需要将整个手压在指纹读取装置上。只有当它与存储在系统中的指纹图像匹配时，它才能进入系统。

（3）声音识别技术

人们说话时使用的器官包括舌头、牙齿、喉咙、肺、鼻腔等。因为每个人的器官在大小和形状上都有很大的不同，所以声音是不同的，这就是为什么人们可以区分声音。虽然模仿别人的声音听起来可能和普通人非常相似，但是如果用语音识别技术进行识别，它会表现出很大的差异。因此，不管模仿声音有多相似，它们都是可以区分的。声音就像一个人的指纹，有其独特性。换句话说，每个人的声音都略有不同，没有两个人的声音是一样的。常常采用某个人的短语发音进行识别。目前，语音识别技术已经商业化，但是当一个人的语音发生很大变化时，语音识别器可能会产生错误。

（4）笔迹识别技术

不同人的笔迹是有很大区别的。人们的笔迹来自长期的写作训练，由于不同的人有不同的书写习惯，字符的旋转、连接、打开和关闭都有很大的差异，最终导致整个字体的巨大差异。一般来说，模仿者只能模仿象形文字。因为他们不能准确理解原始人的书写习惯，所以他们在比较笔迹时会发现有很大的差异。笔迹也是一个人的独特之处。计算机笔迹识别利用了笔迹的独特性和差异性。

手写识别技术首先要求摄像机设备记录手写特征，然后输入计算机进行处理、特征提取和特征比较。分析一个人的笔迹不仅包括字母和符号的组合，还包括细微的差异。例如，施加在书写的某些部分上的力的大小，或者笔接触纸张的时间长度和笔移动的停顿。

（5）视网膜识别技术

视网膜是一种极其稳定的生物特征，可用作身份认证，是一种高度精确的识别技术，但很难使用。视网膜识别技术使用扫描仪上的激光照射眼球背面，扫描并捕捉数百个视网膜特征点，经过数字处理后形成记忆模板，并存储在数据库中，供以后比较和验证。由于每个人的视网膜互不相同，这种方法可以用来区分每个人。这种技术很少使用，因为担心扫描设备故障会伤害到人的眼睛。

3. 检测监视系统

检测与监控系统一般包括入侵检测系统、传感系统和监控系统。这里的入侵检测系统是指边界检测和报警系统，用于检测和报警未经授权的进入或企图进入。入侵检测系统应由专业人员持续操作，并由专业人员定期维护和测试。传感器系统将传感器分散在不易察觉的地方，但一旦损坏，却很容易找到。传感器系统可以检测设备周围环境的变化，并能对超出范围的情况发出警报。监控系统是一种辅助的安全控制手段，可以预防违法行为，为一些违法行为提供重要证据。监视器通常安装在房间的关键位置，为监视位置或设备提供全动态视频。相应的日期和时间必须记录在视频系统中。视频图像显示器必须安装在安全室，录像带必须在用完之前及时更换，更换的录像带必须存放在安全的地方一段时间。

（二）防复制技术

1. 电子"锁"

电子"锁"也称电子设备的"软件狗"。软件运行前要把这个小设备插入一个端口上，在运行过程中程序会像端口发送询问信号，如果"软件狗"给出响应信号，该程序继续执行下去，则说明该程序是合法的，可以运行；如果"软件狗"不给出响应信号，该程序中止执行，则说明该程序是不合法的，不能运行。当一台计算机上运行多个需要保护的软件时，就需要使用多个"软件狗"。运行时需要更换不同的"软件狗"，这给用户带来了不便。

2. 机器签名

机器签名（Machine signature）是将机器的唯一标识信息存储在计算机的内部芯片（如只读存储器）中，将软件与特定机器绑定，如果软件检测到它没有在特定机器上运行，则拒绝执行。为了防止跟踪和破解，计算机中还可以安装特殊的加密和解密芯片，密钥也封装在芯片中，该软件以加密形式分发。加密密钥应该与用户机器独有的密钥相同，这样可以确保一台机器上的软件不能在另一台机器上运行。这种方法的缺点是每次运行前必须解密软件，这将降低机器的运行速度。

（三）硬件防辐射技术

1. TEMPEST 标准

TEMPEST 主要研究和解决计算机和外部设备工作时电磁辐射和传导造成的信息泄露问题。为了评估计算机设备辐射泄漏的严重程度和 TEMPEST 设备的性能，有必要制定相应的评估标准。TEMPEST 标准一般包含关于计算机设备电磁泄漏极限的规定以及防止辐射泄漏的方法和设备。

2. 计算机设备的防泄漏措施

（1）屏蔽

屏蔽不但能防止电磁波外泄，而且还可以防止外部的电磁波对系统内设备的干扰，并且在一定条件下还可以起到防止"电磁炸弹""电磁计算机病毒"打击的作用。因此，还需要加强整个电子设备的屏蔽，如显示器、键盘、传输电缆、打印机等的整体屏蔽。本地电路的屏蔽用于本地设备，如有源设备、中央处理单元、存储芯片、字库、传输线等。符合TEMPEST保护标准的计算机在结构、机箱、键盘和显示器上与普通计算机有很大不同。

（2）隔离和合理布局

物理隔离是隔离有害的攻击，在保证可信网络内部信息不外泄的前提下，可在可信网络之外完成网络间数据的安全交换。物理隔离有以下三个安全要求。

①内部和外部网络是物理隔离的，以确保外部网络不会通过网络连接侵入内部网，同时防止内部网信息通过网络连接泄露到外部网络。

②内部网络和外部网络通过物理辐射相互隔离，以确保内部网络信息不会通过电磁辐射或耦合泄露到外部网络。

③这两个网络环境在物理存储上相互分离。对于断电后丢失信息的组件，如内存和处理器等临时存储组件，应在网络转换期间清除它们，以防止剩余信息离开网络。对于断电的无损设备，如磁带机、硬盘和其他存储设备，内部网和外部网信息应分开存储。

（3）滤波

滤波是抑制传导泄漏的主要方法之一。在电源线或信号线上安装合适的滤波器可以阻断传导泄漏路径，从而大大抑制传导泄漏。

（4）接地和搭接

接地和搭接也是抑制传导泄漏的有效方法。良好的接地和搭接可以为杂散电磁能量提供低电阻接地回路，从而在一定程度上分流掉可能通过电力和信号线传输的杂散电磁能量。该方法结合屏蔽、滤波等技术，可以事半功倍，抑制电子设备的电磁泄漏。

（5）使用干扰器

干扰器是一种能辐射电磁噪声的电子仪器。它通过增加电磁噪声来降低因辐射泄露信息的整体信噪比，并增加了辐射信息被截获后的破解和恢复难度，从而达到"掩盖"真实信息的目的。其保护的可靠性相对较差，因为设备辐射的信息量没有减少。原则上，有用的信息仍然可以通过使用适当的信息处理方法来恢复，只是恢复的难度相对增加。这是一种成本相对较低的保护方法，主要用于保护安全性较低的信息。此外，干扰器的使用也会增加周围环境的电磁污染，对电磁兼容性差的其他电子信息设备的正常运行构成一定的威胁。因此，干扰机只能作为紧急措施使用。

（6）配置低辐射设备

配置低辐射设备就是针对设计和生产计算机时可能产生电磁辐射的组件、

集成电路、连接线、显示器和其他组件采取辐射防护措施，以最大限度地减少电磁辐射。使用低辐射计算机设备是防止计算机电磁辐射泄漏的基本保护措施。当与屏蔽方法结合使用时，它可以有效地保护绝密信息。例如，可以使用低辐射的液晶显示器来代替高辐射的阴极射线管显示器。

（7）TEMPEST 测试技术

TEMPEST 测试技术是用来检查电子设备是否符合 TEMPEST 标准的。测试内容不限于电磁反射的强度，还包括传输信号内容的分析和识别。TEMPEST 技术标准是保密信息系统认证的基础，也是建立保密信息系统评估体系的前提。它的制定比其他标准更严格，可以具体指导保护工作。由于 TEMPEST 技术的特殊性，国外对其 TEMPEST 技术标准严格保密。

（四）通信线路安全技术

如果所有系统都固定在一个封闭的环境中，并且连接到系统的所有网络和终端都在这个封闭的环境中，那么通信线路是安全的。然而，通信网络产业的快速发展使上述假设不可能成立，因此，当系统的通信线路暴露在非封闭的环境中时，问题就会随之而来。虽然从网络通信线路提取信息所需的技术比从终端通信线路获取数据所需的技术高几个数量级，但是这种威胁总是存在的，并且这种问题也可能发生在网络连接设备上。

通信的物理安全性可以通过用一种简单但非常昂贵的新技术——对电缆加压来实现，这种新技术是为美国电话的安全性而开发的。通信电缆用塑料密封，深埋地下，两端加压，并连接到带有报警器的显示器上测量压力。如果压力下降，这意味着电缆可能被损坏，要派维修人员去修理故障电缆。

光纤通信线路曾经被认为是不被窃听的，因为它们的断裂或损坏会被立即检测到。光纤中没有电磁辐射，因此没有电磁感应盗窃的可能性。然而，光纤的最大长度是有限的，超过最大长度的光纤系统必须周期性地放大信号。这需要将信号转换成脉冲，然后将其返回到光脉冲，光脉冲继续通过另一条线路传输。完成这一操作的设备是光纤通信系统安全中的薄弱环节，因为信号可能在这一环节被窃听。有两种方法可以解决这个问题：一是不要在距离超过最大长度限制的系统之间使用光纤通信，二是增强复制器的安全性。

三、人员安全

由于人为威胁的主动性和不可预测性，为了应对人为威胁，不同的人员往往受到不同的管理。

（一）外来人员管理

计算机机房作为一个机要的地方不允许未经批准的人进入，对外来人员应采取以下措施。

①外来人员应签发临时证件，并在核实身份和目的后允许进入机房。外来人员必须在机房内佩戴临时证件，离开时交回。

②禁止外来人员将危险品带入机房。携带非法物品时，必须征得主管部门领导同意后方可携带。

③对于外来人员，应做好相关记录，记录姓名、性别、单位、电话号码、身份证号码、出入机房时间等，供以后验证。

④未经批准，禁止在机房内拍照和录像。

（二）工作人员管理

据有关调查显示，大部分的计算机犯罪是由内部员工所为，所以对内部工作人员也要采取一定的管理措施。

①机房应采用分区管理制度，针对每个工作人员的实际工作需要，确定其权限的不同进入的区域也不同，对于无权进入者若要进入，必须经过相关领导的批准。

②对机房的工作人员发放身份标志物作为进出机房的识别，并且对跨区域访问者做好进出记录。

③禁止携带危险品进入机房，且携带物品时，应由保卫人员进行检查，此外，必须携带违规物品时，必须经由有关领导批准。

④禁止将身份标志物借与他人，如若丢失，则要及时上报并补办；未经允许，禁止带领外来人员进入。

⑤为保障机房环境及设备正常运转，未经批准，不得私自改动或移动机房内的电源、服务器、路由器等设备。

⑥未经批准，不能使用照相机、录像机、录音笔或其他存储记录仪器。

⑦对重要信息和关键设备要采用双人工作制，且所有的进出及设备操作都要做好记录，并交由相关部门妥善保存。

⑧定时检查工作人员的进入权限，当发现由于工作需要，要变更工作人员权限时，必须及时更新权限。

（三）保卫人员管理

为了保证系统安全，重要的安全区域都要安排保卫人员，保卫人员应遵循以下规则。

①检查、记录和报告擅自离开机房、安全区或建筑物的物品，确认安全后方可离开。

②应经常检查安全区的入口点以及未授权的入口点，并在确认安全后允许离开。

③定期检查是否存在安全隐患，定期检查和维护监控设备、消防设备和供电设备，确保所有设备能够正常运行。

④检查文件及其他严格限制区域是否安全，并及时记录和报告可疑人员或活动及其他异常行为。

第四节　信息系统的物理安全

一、自然灾害威胁

自然灾害是大多数威胁中破坏力最大的，通过对不同类型的自然灾害进行风险评估并采取合适的预警，可以防止由自然灾害造成的重大损失。表1-4列出了六种类型的自然灾害，每种灾害预告的可能性，是否需要转移及转移的可行性以及各类自然灾害的持续时间。

表 1-4　自然灾害的特征

自然灾害	预告	转移	持续时间
龙卷风	可能提前预告，地点不确定不需要转移	可能需要转移	很短但很强烈
飓风	提前预告	可能需要转移	几小时到几天
地震	没有预告	没办法转移	持续时间短，但震后仍有威胁
冰暴/暴风雪	可能有预告	可能没法转移	可以持续几天
雷电	探测器可以提前几分钟预告	可能需要转移	时间短但可复发
洪水	通常提前预告	需要转移	要被隔绝几小时到几天

二、工作环境威胁

工作环境的威胁可能中断信息系统的服务或者损坏其中存储的数据，在野外可能会对公共设施造成区域性的破坏。这类威胁一般表现为以下几个方面。

（一）不适的温度和湿度

计算机信息系统的相关设备必须工作在一定的温度范围内。大多数设备都设计在10℃—32℃运行，在这个范围之外，系统可以继续运行但是可能会产生不可预料的后果。如果相关设备周围的温度升得太高，又缺乏相应的散热能力，那么内部的组件就会被烧坏。如果温度太低，当打开电源的时候，设备不能承受热冲击，就会导致集成电路板破裂。

另一个温度威胁是来自设备的内部温度，它可能比室内或设备周围环境的温度高出很多。计算机信息系统的相关设备都有自己的散热方式，但它们会受到外部条件的影响。例如，不正常的外部温度，电力供应中断，通风、空气调节服务的中断以及通风口的阻塞等。潮湿也会给电气电子设备造成威胁：设备长期暴露在潮湿的环境下易遭受腐蚀并出现冷凝，冷凝能影响磁性和光学存储介质，还会造成线路短路，从而导致集成板损坏；潮湿也会产生电流化学效应，导致整个设备内部器件的性质发生变化，影响设备的运行及使用。干燥是很容易被忽视的环境威胁。在长期的干燥环境下，某些材料可能发生形变，从而影响其性能。同样，静电也会带来一系列问题。即使是10 V以下的静电也能损坏部分敏感的电子线路，如果达到数百伏的静电，那就能对各种电子线路产生很大的损坏。因为人体的静电能够达到几千伏，所以这是一个不容忽视的威胁。

（二）环境安全

环境安全是对系统所在环境的安全保护，如区域保护和灾难保护等。计算机网络通信系统的运行环境应按照国家有关标准设计实施，应具备消防报警、安全照明、不间断供电、温湿度控制系统和防盗报警等，以保护系统免受水、火、有害气体、地震、静电等的危害。

（三）灰尘、有害生物

灰尘非常普遍但却经常被忽略。尽管大部分设备都具有一定的防尘功能，但是纸和纺织品中的纤维却会对设备造成一定的磨损和具有轻微导电作用。具有通风散热部件的设备，是最容易受到灰尘影响的，如旋转的存储介质和计算机的风扇。灰尘容易堵住通风设备的通风口从而降低散热器的散热能力。有害生物也是容易被忽略的威胁，包括真菌、昆虫和啮齿类动物等。潮湿引起菌类生长导致设备发霉，这对人员和设备都有巨大的危害。此外，昆虫和啮齿类动物容易咬坏基础设施，如纸张、桌椅、电线等。

（四）电源系统安全

电源在信息系统中起着重要的作用，主要包括电源、输电线路安全，维护电源稳定等。

（五）设备安全

为了能够确保硬件设备随时都处于良好的工作状态，应该要建立健全的使用管理规章制度，并完善运行日志的记录工作。

（六）媒体安全

媒体安全包括媒体数据的安全和媒体本身的安全。媒体本身的安全性主要是为了防止盗窃、破坏和病毒；数据安全是指防止数据被非法复制和销毁。

（七）通信线路安全

通信设备和通信线路的安装应稳定可靠，具有一定的抵抗自然因素和人为因素破坏的能力，包括防止电磁信息泄露、线路拦截和抗电磁干扰。具体来说，物理安全包括以下主要内容。

①机房场地、环境和各种因素对计算机设备的影响。
②机房安全技术要求。
③计算机的实体访问控制。
④计算机设备和现场防火防水。
⑤计算机系统的静电保护。
⑥计算机设备、软件和数据的防盗和防损坏措施。
⑦与计算机中重要信息的磁介质的处理、存储和处理程序有关的问题。

三、技术威胁

技术威胁主要包括电磁、声光等因素造成的系统信息泄露等威胁，这类威胁表现为通过设备的电力系统、电磁泄漏等方式进行系统信息窃取等类型的攻击。

（一）电力

电力对于一个信息系统的运行是必不可缺的，系统中的大部分电气设备都需要持续供电。电力威胁一般表现为电压过低、过高或噪声等形式。当供给信息系统设备的电压比其正常工作的电压低时就发生欠电压现象。多数设备都可以在低于正常电压 20% 的低压环境下工作，而不会引起设备的运行或停机。但若电压继续降低，则设备就会因供电不足而关闭。一般情况下，电压过低不会导致设备损坏，但设备停机会导致整个信息系统的服务中断。电压过高会导致过电压现象，比欠电压更具有威胁。供电异常、一些内部线路错误或者电击都可能引起电压浪涌，其损坏程度与浪涌的持续时间、强度和浪涌电压保护器的效率有关。一个高强度的电压浪涌足以毁坏信息系统的设备，包括处理器和存储器。

（二）电磁干扰

电源线在传导电流的同时也会传导噪声信号，这些噪声信号若是和电子设备的内部信号相互影响，可能引起逻辑错误。在大多数情况下，都可以使用电源的滤波电路来消除这些噪声信号。还有一种电磁干扰，是来自附近的广播电台或各种天线发射的高强度信号，而低信号发射强度的设备，比如手机，也能干扰敏感的电子设备。

（三）TEMPEST 威胁

TEMPEST 的电磁泄漏是指电子设备中散射的电磁能量通过空间或导线向外扩散。它是时刻存在的，任何处于带点状态的电磁信息设备，如电话机、计算机、复印机、显示器等，都存在不同程度的电磁泄漏现象，这是由电磁的本质决定的，无法改变。TEMPEST 泄漏发射是指电磁设备中泄露的电磁能量含有这些设备所处理的信息。TEMPEST 泄漏发射通常通过以下两种途径向外传播。

1. 辐射泄漏

换句话说，泄露的信息以电磁波的形式辐射出去。主要指设备内部产生的电磁辐射。这种辐射由计算机内部的各种传输线产生，甚至包括印刷电路板上的迹线、逻辑电路、信号处理电路、开关元件、显示器、电机及其驱动控制电路。

2. 传导泄漏

换句话说，泄露的信息是通过各种线路和金属管道进行的。机房电话线、计算机系统电源线、加热管、供水管和排水管、接地线等会变成导电介质，导致导电泄漏，传导泄漏通常伴随着辐射泄漏。

（四）其他信息设备的电磁泄漏

打印机、复印机、电话机和传真机等信息设备都是以串行的方式处理信息的，这些信息设备也能以传导泄漏的方式泄露信息。例如，电话机处理的是语音的模拟信号，它产生的电磁泄漏包含了非常直观的语音模拟信号，非常容易被接收后还原。电话机主要辐射源包含晶振、CPU 芯片、变压器、直流电源等功率比较大的器件。此外，如果有多条电话线，电话机泄漏的电磁信号可以耦合到别的电话线上，而且机密场所往往有多台电话机，这样容易威胁涉密信息的安全。

（五）红、黑设备电磁泄漏

红、黑设备的电磁泄漏又称为 HACK，这是来自美国的特殊术语，指与密码设备有关的电磁泄漏。密码设备，即执行加解密的硬件设备。通常将设备泄漏出去的含有电磁信息的信号分为黑信号和红信号，红信号是指容易泄露信息的信号。当使用加密设备时，必须考虑系统的互连。如果在与加密设备连接时不考虑信号耦合、红黑信号隔离和串扰路径，则红色信号可以使用黑色设备作为泄漏路径和载波。加密设备的电磁泄漏将导致加密算法完全失败，所有的安全努力都将被浪费，使得窃听者很容易获得期望的信息。

（六）设备的二次泄漏

接收和发送设备可以是次级电磁泄漏发射的载体。发射设备通常包括放大器和混频器，红色信号可以通过两种方式耦合到发射电路进行二次传输。因为红色信号的频率范围接近放大器的工作频率范围，所以红色信号在放大器级耦合，并由放大器直接放大和传输。第二种则是红信号频率比较低，可能会耦合在混频器一级，经混频器混频后再经放大器放大后发射出去。由于受到接收和发射设备中放大器的影响，会导致第二次电磁泄漏发射的强度超过第一次电磁泄漏发射的强度，增加了信息泄露的危险性。

（七）SOFT-TEMPEST 威胁

SOFT-TEMPEST 威胁由英国剑桥大学的两位学者提出，被称为"TEMPEST 病毒"。攻击方法是预先在目标计算机中植入病毒程序。病毒可以窃取计算机中的数据，并通过信息设备有意产生的电磁波以隐藏的方式发送出去，然后使用专门的接收和恢复设备接收和恢复隐藏的数据。例如，由于人眼对图像上的颜色变化不敏感，通过一些图像处理方法，被盗信息可以隐藏在显示器上显示的图像中。当显示器显示图像时，被盗数据通过图像泄露出去。这种方式不仅可以利用显示器来发送隐藏好的窃取数据，还可以利用计算机的其他硬件设备，比如利用数据总线或 CPU 等。SOFT-TEMPEST 非常适合窃取已经进行物理隔离的计算机上的信息。

（八）声光的泄漏威胁

1. 光的泄漏威胁

由于光的物理特性，计算机显示器发出的光线可以在很远的距离上接收到。而且光线可以通过墙面反射后，依然可以通过专门的设备接收后再现显示器所显示的信息。这种泄漏方式与电磁泄漏相似，随着目前设备的电磁环境越来越复杂，光信号所泄漏的数据更加容易接收和还原。

2. 声音的泄漏威胁

声音信号的泄漏导致信息泄露是最容易被人忽视的威胁，由信息设备的振动所导致的声音信号是信息泄漏的一个重要途径。例如，利用点阵式打印机打印数据时击打打印纸张发出的声音信号，能够还原出所打印的数据。由于声波的衰减与距离成反比而电磁波的衰减与距离的三次方成反比，所以声波在传播过程中比电磁波衰减得慢，故声音信号的泄漏所造成的危害性在一定程度上讲，更甚于光泄漏和电磁泄漏。此外在美国有关的防护 TEMPEST 威胁的资料中，也要求降低点阵式打印机噪声。

四、人为的物理威胁

由于人为的物理威胁比其他种类的物理威胁更加难以预见，所以人为的物理威胁比环境威胁和技术威胁更加难以防范。此外，人为威胁是最容易攻破预防措施的，并且是寻找最脆弱的点来攻击，导致人为的威胁在物理安全方面一直是重中之重。人为的物理威胁包含以下几个方面。

（一）盗窃

这种威胁包含两种，一种是对信息系统设备的盗窃；另一种是对信息系统中的信息进行拷贝盗窃，偷听和搭线偷听也属于这种类型。盗窃可能发生在那些非法访问的外部人员或者内部人员的身上。

（二）误用

误用威胁包含两种方式：一种是授权的访问者不恰当地使用信息资源；另一种是未授权的访问者非法使用信息资源。

（三）故意破坏

故意破坏威胁就是对物理设备的破坏，从而导致数据的丢失或损坏。

（四）非授权的物理访问

通常信息系统，如网络设备、计算机、服务器和存储网络设备，一般都放置在特定的场所中，而进入这些地方往往需要一定的授权。非授权的物理访问是指没有经过授权而非法进入这些放置信息系统的场所。非授权的物理访问会经常导致人为威胁发生，如盗窃、故意破坏或误用。

（五）社会动荡或战争

社会动荡或战争种威胁不仅可以造成物理设备的损坏，甚至还会破坏建筑物，威胁工作人员的生命安全。这种威胁发生时，会导致整个安全管理出现疏漏，从而引发上述的威胁。此外更严重的是，这种威胁发生时甚至会导致整个信息系统被摧毁，而且在威胁发生时几乎无法抵抗。

第二章　计算机系统安全

随着计算机的广泛应用，其安全性成为一个十分突出的问题。许多应用场合要求计算机能长期安全可靠的运行，特别是在航空航天、国防军事、金融财政等领域，机器发生故障将会造成巨大的经济损失，甚至导致灾难的发生。产生计算机安全问题的内部根源是计算机系统自身的脆弱和不足。本章分为计算机硬件与环境安全、操作系统安全技术、可信操作系统、程序系统安全、安全软件工程五部分，主要包括计算机系统的脆弱性、安全操作系统、文件保护机制、可信操作系统的设计原则、程序对信息造成的危害、软件运行维护管理等方面的内容。

第一节　计算机系统的脆弱性与可靠性

一、计算机系统的脆弱性

计算机系统的自身脆弱性主要表现在以下方面。

①电子技术基础薄弱，抵抗外部环境影响的能力还比较低。

②数据聚集性与系统安全性密切相关。当数据以分散的小块出现时其价值往往不大，但当特大量相关信息聚集时，则显出它的空前重要性。

③剩磁效应和电磁泄漏的不可避免。

④通信网络的弱点。连接计算机系统的通信网络在许多方面存在薄弱环节，通过未受保护的外部环境和线路谁都可以访问系统内部资源，搭线窃听、远程监控、攻击破坏都是可能发生的。

⑤从根本上讲，数据的安全性和资源的共享性之间是有矛盾的。计算机系统自身的脆弱性可能使系统资源受到损失和破坏，而了解计算机系统的脆弱性有助于采取有效的措施保障系统安全。

二、计算机的可靠性研究

计算机的可靠性这一术语是国际商业机器公司（IBM）公司在发布 IBM-370 系统时提出的，是可靠性、可维护性、可用性三者的综合，通常称为 RAS 技术。RAS 技术是研究如何提高计算机可靠性的一门综合技术。

（一）可靠性

计算机的可靠性是指计算机在规定的条件下和规定的时间内完成规定功能的概率。规定的条件包括环境条件、使用条件、维护条件和操作技术。环境条件是指计算机的工作环境，如实验室、机房或野外条件。使用条件是指计算机的工作温度、湿度、空气洁净度以及电源电压、电流的干扰情况，此外还包括存储、运输和使用技术水平等。

（二）可维护性

当计算机因故障而失效时，必须维修才能恢复其正常功能。所以，可维护性是衡量计算机可靠性的一个重要指标。

（三）可用性

可用性是指计算机的各种功能满足要求的程度，即计算机系统在任何时刻能正常工作的概率。可用性也是衡量计算机可靠性的一个重要指标。

第二节　操作系统安全技术

一、系统安全措施

计算机操作系统的安全措施主要是隔离控制和访问控制。隔离控制的方法有以下四种方法。

①物理隔离。在物理设备或部件一级进行隔离，使不同的用户程序使用不同的物理对象。

②逻辑隔离。操作系统限定各个进程的运行区域，多个用户进程可以同时运行但不允许访问未被允许访问的区域。

③时间隔离。对不同安全要求的用户进程分配不同的运行时间段。

④加密隔离。进程把自己的数据和计算活动以密码形式隐藏起来，使它们对于其他进程不可见。

二、系统安全级别

一个功能较强的操作系统应该能够对不同的目标、不同的用户和不同的情况提供不同的安全级别保护功能。操作系统提供以下几种不同安全级别的保护。

（一）无保护方式

这种保护方式是当处理高密级的数据时，程序在单独的时间内运行，这时可使用无保护的系统。

（二）隔离保护方式

每个进程都有自己的内存空间、文件和其他资源，可以使并行运行的进程彼此感觉不到对方的存在。

（三）共享或独占保护方式

用户自己说明用户资源是否可以共享。其他用户都可以访问共享的目标，而私有目标则只能被该用户自己独占使用。

（四）受限共享保护方式

这种保护方式是操作系统检查每次对特定目标的访问是否被允许，如果得到允许，才能进行访问。

（五）能力共享保护方式

用户被赋予访问目标的某种能力，它代表了一种访问权利，这种访问方式属于能力共享保护方式。

（六）目标的限制使用

这种保护方式不限制对目标的访问，而是限制访问后对目标的操作行为，如允许读但不允许修改等限制。

上述六种保护方式按实现难度逐步递增，它们对目标的保护能力也是越来越强。保护的实现要依赖访问控制，访问控制就是对访问者（主体）的行为进行管理与监控，使它们访问对象（客体）的活动限于权限之内，如有必要还应该对主体的活动进行审计。访问控制需要解决对访问者的识别与控制和被访问对象的存取控制与管理等问题。

三、保护原则和机制

在操作系统中，为了提高被访问目标的安全性，要求遵循以下原则。

（一）每次访问检查原则

当某主体访问一个目标时，不能因为前面已经对该主体进行过审核就不再对其审核，必须坚持审核它对目标的每一次访问，从而防止其他主体冒充该主体对该目标的访问。

（二）最小特权原则

授予主体访问权限时，只给它访问该目标所需的最小权限。另外，尽量减少主体接触目标的次数。

对于各种目标的保护机制有访问目录表、访问控制表、访问控制矩阵、面向过程的访问控制和能力机制等几种。

1. 访问目录表

操作系统把用户分为系统管理员、文件主和一般用户。系统管理员具有最高的权限，可以为用户分配或撤销文件的访问权，文件主是文件的拥有者，有权把自己文件的访问权分配给其他用户或从其他用户手中收回。由于每个用户都可能要访问多个文件，而且访问权限也不一样，因此，为了便于管理，通常为每个用户建立一张访问目录表，其中存放着有权访问的文件名及其访问权限。

2. 访问控制表

访问目录表位于访问者一端，而访问控制表（ACL）则位于目标一端。每个目标都有一张 ACL，它说明了访问该目标的主体及其访问权限。对某个共享目标，操作系统只需要维护一张 ACL 即可。对于大多数用户拥有的访问权限，ACL 采用默认的方式表示，只存放各用户的特殊访问要求。

3. 访问控制矩阵

访问目录表和访问控制表，将访问控制设施分别设置在用户端和目标端，它们需要管理的表项总数是相同的，区别在于管理共享目标的方法，访问控制表技术易于实现对共享目标的管理。

访问控制矩阵则是将访问控制设施设置在访问者和目标"中间"，建立一个独立的访问控制矩阵，矩阵的行代表主体，矩阵的列代表目标，每个矩阵元素说明了对应主体对相应目标的访问权限。由于每个主体访问的目标有限，这种矩阵是稀疏的，空间浪费较大，因而在操作系统中使用并不多。

4. 面向过程的访问控制

面向过程的访问控制是指在主体访问目标的过程中对主体的访问操作行为

进行监视与限制。要实现面向过程的访问控制需要建立一个对目标访问进行控制的过程，且该过程能够自行认证。

访问控制过程实际上是为被保护的目标建立一个保护层，它对外提供一个可信赖的接口，所有对目标的访问必须通过这个接口才能完成。例如，操作系统中用户的账户信息是系统安全的核心文档，对该文档既不允许用户访问，也不允许一般的操作系统进程访问，只允许对用户账户表进行增加、删除与核查三个进程。

5. 能力机制

主体具有的能力是一种权力证明，是操作系统赋予主体访问目标的许可权限，也是一种不可伪造的标记，用户凭借该标记对目标进行许可的访问。

能力可以实现复杂的访问控制机制。能力存在传递问题，一个具有转移能力的主体可以把这个权限传递给其他主体，其他主体也可以再传递给第三者。具有转移能力的主体把转移权限从能力表中删除，进而限制这种能力的进一步传播。当主体一旦收回某目标的访问能力后，该能力所管辖的对目标的访问权限也就终止。如何对传递出去的能力收回或删除不再使用的能力是一个比较复杂的问题。可以在能力表中建立指针指向传递出去的能力，便于操作系统对这些能力的跟踪与回收或删除。

能力机制的实现需要结合访问控制表技术。当一个过程要求访问新目标的时候操作系统首先要查询访问控制表，确认该过程是否有权访问该目标。若有权访问该目标，操作系统为该过程创立一个访问该目标的能力。能力应该存储在用户程序访问不到的区域以确保安全，这需要用到内存保护技术。

四、安全操作系统模型

操作系统的安全模型可以描述安全访问的策略，依据某条策略判定某个主体是否能够访问某个客体。访问控制是安全模型的基础，也是操作系统安全的核心问题。

（一）监控器模型

最简单的访问控制模型是访问监控器。在该模型中，当用户需要访问某个目标时，首先要向访问监控器提出访问请求，访问监控器根据访问者的权限核查用户请求，以便确定是否允许这次访问。

访问监控器模型的优点是易于实现，缺点是不适应复杂的安全要求、频繁调用时影响系统效率、只能控制直接访问而不能控制间接访问。

（二）信息流模型

访问监控器模型的一个主要问题是无法监控系统中间的信息泄露情况。针对这种缺陷，丹宁（Denning）提出了信息流模型。信息流是指信息的流动路径。要知道用户的访问信息流，需要分析用户程序中的信息流。程序中的引用和赋值语句形成了用户程序的访问信息流。在这种模型中，需要分析主体每一次访问请求可能的信息流是否包含未被允许访问目标的信息流。对于可能导致间接泄露信息的访问请求要加以滤除或进行适当的变换。

信息流模型的实现需要结合编译器，在编译阶段分析用户程序每条语句的信息流，通过分析发现一个模块的输出是否传递了不应输出的敏感信息。信息流模型可以解决数据项这类小目标的访问控制问题，也适用于文件、数据库这些较大目标的访问控制。信息流分析可以确认一个有权访问敏感数据的操作系统模块有没有向主调模块传递该敏感数据。单级信息流模型对目标的访问控制是基于允许或不允许这种二进制安全性的基础上的。

五、文件的保护机制

文件系统是操作系统最重要的组成部分，也是用户数据、系统程序和安全机制信息的保存形式，因此文件的保护非常重要。

（一）基础保护

为了防止用户有意或无意地访问、修改和破坏某些文件，任何一个多用户系统都必须提供最低限度的文件保护功能。

1. 全或无保护

全或无保护建立在对用户信赖的基础上。这种情况下，系统假定用户不会去读或修改别人的文件，只会访问自己有权访问的文件，因此系统对文件一般不设保护，默认文件是公开的，任何一个用户都可以读、修改甚至删除其他用户的文件。对于某些敏感文件，系统管理员可以使用通行字机制在每次对文件进行访问的时候进行干预。该保护方式实现简单，但安全性能差。

2. 分组保护

分组保护方式根据某种共同性把用户划分在一个组中。系统中的用户分为三类：单用户、用户组和全体。分组时要求每个用户只能分在一个组中，同一个组中的用户对文件有相同的需求，一般都具有相同的访问权。分组方案克服了全或无保护方案的某些缺点，但也存在组的隶属关系、多重账户等问题。

（二）指定保护

指定保护方式是指允许用户为任何文件建立一张访问控制表，指定谁有权访问该文件，每个人有什么样的访问权。在分组保护系统中限定每个用户只能属于一个组。而利用指定保护方式系统管理员可以通过定义"一般标识符"来建立一个新的组，利用 ACL 限定用户只能访问指定的设备或限定哪些用户对资源进行访问。

六、UNIX 的安全性设计

UNIX 系统具有良好、基本和单一级别的安全性能。UNIX 系统的内核在一个物理上的安全域中运行，这个域受到硬件的保护。安全域保护着它的内核及安全机制。

安全机制是无法旁路的，所以突破 UNIX 的安全机制依赖于使用合法的手段达到非法的目的。为了防御攻击，必须正确设置文件和目录的属性和访问权限，用户懂得如何选择口令，以及如何避免被别人骗取特权。

（一）普通用户的安全管理

1. 正确使用口令

用户在使用 UNIX 系统之前必须注册，没有注册名和口令就无法进入 UNIX 系统。但也有一些破解注册名与口令密码的方法，这些方法只有在 UNIX 系统中的用户或系统管理员忽视了对口令的正确使用时才可能有效。

UNIX 系统对注册过程的处理十分谨慎。/ETC/Passwd 文件包含有注册名以及与之对应的口令。当口令攻击者键入一个 /ETC/Passwd 中没有的注册名时，LOGIN 进程会给出一个 PassWord 提示，目的是使攻击者无法确定是注册名不正确还是口令不正确。即使攻击者猜出一个注册名，仍然还需要猜出口令。

当用户需要暂时离开计算机而又不打算退出系统时，为防止其他用户使用，使用 LOCK 命令对计算机上锁。LOCK 程序需要口令，达到锁定计算机与通信线路的作用。使用者输入正确口令后，可以重新正常使用该终端。

2. 访问控制

访问控制决定用户可访问哪些文件，对这些文件的访问者分为以下三类。

①文件所属者。

②同组用户。

③其他用户。

访问类型也分为以下三种。

①读。

②写。

③执行。

这样，总共可以组合成九个不同的权限。

UNIX 系统的选择性访问机制表现在文件所属者可以对文件权限进行任意修改而组类别用于代替控制列表。每个用户是多个组的成员，同组用户可以访问某一类信息。

3. 启动文件

UNIX 系统中的许多命令都需要查找启动文件。启动文件中包含着系统的配置信息，可以帮助用户建立一个安全的工作环境。但是，必须注意防止启动文件遭到恶意修改。

UNIX 系统中常用的 Bourne Shell，Korn Shell 和 C Shell 经常检查用户注册目录下的启动文件。Shell 启动文件用于设置 Path、Umask、终端类型等变量，以及定义 Shell 功能或替换名称。完成 Shell 功能的启动文件与 Shell 命令程序工作方式相同，对于 Bourne Shell 启动文件在用户注册期间运行 SH 时执行；C Shell 中，用户每一次执行 CSH，它的启动文件就执行一次。

每个用户都可将 /ETC/Profile 稍加修改后放入自己的注册目录下，并改名为 .profile，使其成为用户个人启动文件。.profile 文件在 /ETC/Profile 文件中的命令执行完毕后运行。

4. 更正权限

一般来说，用户注册的目录树上未经改进的权限都隐藏着危险，如果不对文件和目录进行有效的保护，用户就可读取和修改这些文件，甚至删除文件和目录。用户对某些文件应该实施保护，对同组用户应考虑取消读、写权限。一旦用户在注册目录下更改了文件、目录权限和属主，应该保持下去。此外，用户每次注册系统都应注意最后注册时间，如果发生错误就说明有人已经利用这个账号进入过系统。

5. 文件加密

UNIX 系统中含有加密功能的命令。不过，UNIX 系统的加密方法是建立在口令基础上，口令必须可靠，否则数据容易被解密；如果一个文件的加密本和未加密版本同时存在，那么口令被破解的话，其他文件随之被破解；加密使得文件由 ASCII 码转换成数据文件，容易使人区别；使用 UNIX 提供的加密方案的解密技术已经广为人知。

综上所述，普通用户应根据 UNIX 系统提供的安全措施，把握以下原则。

①使用正确合理的口令。

②注册时需要注意最后时间，如果无此信息，应修改启动文件。

③检查启动文件权限，注意公共可写目录下的启动文件。

④不要未退出系统或未将终端锁定的情况下离开注册终端。

⑤使用严格的 Umask 值，对新文件进行权限设定。

⑥使用安全 Path，将系统目录放在当前目录下。

⑦保护文件和目录，禁止同组用户或其他用户对其进行写操作。

⑧如果终端有可装载内存的能力，带要禁止同组用户和其他用户向该终端实施写操作。

（二）系统管理员的安全管理

1. 口令管理

口令文件是系统攻击者的一个重要目标，因此系统管理员安全管理的重要职责就是维护系统中普通用户账户的安全和管理所有用户的口令。系统管理员可以通过观察、监视口令文件来做许多工作，从而提高系统的安全性。

在 ETC/Passwd 文件中包含了所有用户账户的信息，其中保存的口令是经过加密处理的。虽然加密的口令很难靠算法的逆运算来解密，但还是有一些方法来猜出口令。系统管理员应做一些工作来提高口令的保密性。对 ETC/Passwd 文件应定期检查，检查内容包括：文件属主和访问权限、文件中每项内容的正确性、文件完整性，如是否每个账户都有口令、用户 ID 为 0 的用户情况。

ETC/Passwd 文件的每一行都包括用户名、口令、用户 ID、组 ID、注释、注册目录和注册 Shell 等七个字段，它们彼此用"："分隔。

当安装一个新系统或新版本时，只要有系统账户出现在 /ETC/Passwd 文件中，那么说明其中某些账户很可能没有口令或使用了不安全的口令，这些问题需要系统管理员及时地发现和纠正。

UNIX系统中各个非限制用户有自己的账户,如果允许一些用户共享账户,那么系统无法确定用户的工作。有鉴于此,不提倡使用共享账户。

当某个用户在一段时期不再使用系统时,其账户就成了非活动账户,这时应将其口令设置为"不可能口令"。

口令时限机制强迫用户在距离上次修改口令后的一段时间内修改口令,同时防止用户将上次口令作为新口令使用,从而保证用户的口令定期加以变化。每次口令修改的时限取决于系统安全要求。

2. 系统文件和目录管理

系统管理员应对系统整体负责,包括UNIX系统命令、设备文件、Shell命令程序、库文件,以及系统数据库。

系统文件和目录必须属于系统账户和系统组;除临时目录外,系统账户的目录是不允许其他用户写入的;对设备文件应设置正确的属主和权限;对重要文件权限,属主应该及时进行常规性检查。

允许其他用户在系统目录下进行写操作十分危险,建议在所有的系统目录上取消其他用户的写权限,只保留几个存放临时文件的目录:TMP、/USR/TMP 和 /USR/SPOOL/UUCP/PUBLIC 目录。某些重要系统文件还应取消用户的读权限,只有极少数系统文件允许其他用户的写操作。

UNIX系统中,设备是通过特殊文件访问的,这些文件也有属主和权限,起着连接内核和设备的作用,其中终端、打印机、MODEM、硬盘和光盘等重要设备需要引起管理注意。磁盘设备属主必须是系统账户,且只有属主可进行读写操作。共享或直接访问文件系统很危险。

系统管理员应建立完备的系统文件数据库。这个数据库包括管理员需要监测的每个文件的文件名以及属主、组和权限。如果系统管理员要记录属于用户个人的启动文件,可以将这些文件连同用户的Home目录一起记录到数据库中,以便日后管理,并且应该定期对照数据库文件检查系统。

系统文件数据库是用ASCII字符写成的,可以通过MORE或PG命令查看其中的内容。为保证数据库文件的完整性和检查的全面性,可以将有关数据库文件和Shell命令脱机存放在磁盘中,使用时再临时装入系统,检查新安装的文件是否与磁盘中文件相同。

3. 调整用户特权和组特权

调整用户和组特权机制在UNIX系统中非常重要,通过调整使普通用户修改自己的口令、显示自由磁盘空间、发送电子邮件、显示内核进程表，这样在有限的范围内，通过改变用户的特权使许多原来不能完成或需要内核支持的操作得以实现，而同时用户又不能利用这种调整特权进行任意操作。

如果没有控制好被保护文件的访问，那么调整用户及组特权将带来安全性问题。解决的方法是不许任何普通用户产生属主为 Root 且设置了调整用户 ID 的文件，系统管理员注意 Root 所属的 Shell 文件，不允许普通用户修改由 Root 运行的程序或 Shell 启动的程序，不以 Root 身份执行任何非系统程序。另外，最好时刻监控系统所有活动。如果某个用户成功地产生了一个属于 Root，并且设置了调整用户 ID 和 Shell 的文件，则应及时纠正，使入侵者无法进入。

综上所述，为了防止未经授权的用户使用正常口令进入系统，系统管理员应当定期检查 /ETC/Passwd 文件的正确性和完整性，经常对所有系统文件、目录权限、属主和属组进行检查和清理工作，运行安全性检查程序，及时地发现非法入侵者。

七、评测标准

（一）国际

国际上第一个计算机安全测评标准是美国国防部出台的《美国可信计算机系统评价标准》，简称 TCSEC。计算机安全评测的基础是需求说明，一般来说，安全系统规定安全特性，控制对信息的存取，使得只有授权的用户或代表他们工作的进程才拥有读、写、建立或删除信息的权限。基于这个基本的目标，美国国防部给出了可信任计算机信息系统的六项基本需求，其中四项涉及信息的存取控制，两项涉及安全保障。

根据这六项基本需求，TCSEC 在用户登录、授权管理、访问控制、审计跟踪、隐蔽通道分析、可信通路建立、安全检测、生命周期保障、文档写作等方面，均提出了规范性要求，并根据所采用的安全策略、系统所具备的安全功能将系统分为四类七个安全级别。

1. A 类安全级

最高级别的安全级，目前只有 A1 级别，具有系统化顶层设计说明，并且形式化地证明与形式化模型的一致性，用形式化技术解决系统隐蔽通道问题。

该安全级有以下几条确认标准。

①对系统安全模型进行严谨与充分的证明。证明模型与公理的一致性和模型对策略的支持。

②给出保护系统的顶层设计说明，其中包括 TCB 抽象功能定义和支持隔离区域的硬件、软件、固件的机制。

③说明系统的顶层设计说明与系统安全形势模型的一致性，最好能够使用验证工具，也可以使用非形式化技术说明。

④能够非形式地说明 TCB 的实现与该设计一致。说明顶层设计表达了保护机制与安全策略的一致性，映射到 TCB 的各个部件正好是保护机制的对应要素。

⑤对隐蔽信道进行形式化分析与识别。对时钟信道采用非形式化方法进行识别，在系统中必须对被识别的隐蔽信道是否连续存在给予证明。

由于 A1 级系统的要求极高，因此，真正达到这种要求的系统很少，目前已获得承认的这类系统有霍尼韦尔（Honeywell）公司的 SCOMP 系统。在我国的标准中去掉了 A1 级标准。

2. B 类安全级

该类安全等级分为 B1（安全标记保护级）、B2（结构化保护级）和 B3（访问验证保护级）三个级别。

①B1 级。B1 级别引入了存取控制机制，建立相应的主体、客体安全标识和管理。满足此级别的产品一般多冠以"安全"或"可信"等字样，以区别普通的安全产品。

②B2 级。B2 级别具有形式化安全模型和描述式的顶层设计说明，完善了强制型存取机制、可信通路机制、系统结构化设计、最小特权管理、隐蔽通道分析和处理机制等。

③B3 级。B3 级别具有全面的（安全域）存取控制，建立严格的访问监控机制、审计实时报告机制和通道分析处理机制。

3. C 类安全级

该类安全等级能为用户的行为和责任提供审计功能。C 类安全等级可划分为 C1（用户自主保护级）和 C2（系统审计保护级）两个级别。

①C1 级。C1 级别的 TCB 是通过将用户和数据分开来达到安全的目的的，具有一定的自主型存取控制安全机制，一个用户可以防止其他用户查看、访问、

修改和破坏其自身的文件，系统具有定期检验其 TCB 正确性、保证系统完整性的功能。

② C2 级。C2 级别比 C1 级别加强了可调的审计控制，除了具有 C1 级别的所有安全特征外，该安全级别具有以用户为单位的自主型存取控制机制，它能对系统所有的注册登记、文件存取、文档建立与删除等进行记录，能够追踪记录用户个体（包括系统管理员）的动作，以便系统审计。达到 C2 级的产品在其名称中往往不突出"安全"或"可信的"特色。

4. D 类安全级

该类安全等级只有一个级别 D1，安全级最低，只对文件和用户提供安全保护，适合于本地操作系统或者一个完全没有保护的网络。

现在一般的商用操作系统都达到了 C2 级的安全级别，通常称 B1 级以上的操作系统为安全操作系统。

（二）国内

我国于 1999 年 9 月 13 日发布了《计算机信息系统安全保护等级划分准则》（以下简称《准则》），这套《准则》参照了《美国可信计算机系统评价标准》。《准则》将计算机安全保护能力划分为用户自主保护级、系统审计保护级、安全标记保护级等级别。

1. 用户自主保护级

达到用户自主保护级的计算机信息系统将用户与用户数据隔离，采取控制访问的手段和措施，具备多种形式的控制能力，有效保护用户和用户组的安全，防止出现泄露或被其他用户破坏的情况。这一级别的计算机系统具有以下三个特点。

①自主访问控制。
②身份鉴别。
③数据完整性。

2. 系统审计保护级

本级与用户自主保护级相比，不仅具备第一级所有的安全保护功能，还要求创建和维护访问的审计跟踪记录，使用户对自己的行为合法性负责。本级别的计算机系统具有以下五个特点。

①自主访问控制。
②身份鉴别。

③客体重用。
④审计。
⑤数据完整性。

3. 安全标记保护级

本级的计算机信息系统不仅具有系统审计保护级的所有功能，还要求访问对象标记的安全级别限制访问者的访问权限，实现对访问对象的强制保护。除此之外，还具有准确地标记输出信息的能力以及消除通过测试发现的任何错误。本级别的计算机系统具有以下七个特点。

①自主访问控制。
②强制访问控制。
③标记。
④身份鉴别。
⑤客体重用。
⑥审计。
⑦数据完整性。

第三节 可信操作系统

一、可信操作系统的开发过程

安全操作系统的开发应该严格遵照可信计算机系统的开发规范进行。安全操作系统的开发分五个阶段。

（一）模型阶段

在确定操作系统的应用环境、安全目标与安全等级后首先应该构造满足安全需要的安全模型。这种模型不应该很复杂，应该是简洁、清晰、明了和易于验证的，并且需要给出实现这种安全模型的各种方法。

（二）设计阶段

确定安全模型之后，要确定实现该模型的方法与手段。在设计安全操作系统时，解决用户域的隔离与共享问题和安全核的设计问题也是设计阶段的关键。

（三）可信验证阶段

用形式化或非形式化的方法验证设计是否满足安全模型的安全要求，通过验证发现待实现的操作系统中是否存在安全漏洞，验证设计的正确性，确保设计方案实现了安全模型的要求，使设计者与用户相信该系统是可信赖的。

（四）实现阶段

实现安全的操作系统有以下两种方法。
①对现有操作系统进行改造，在其中实现安全模型描述的安全要求。
②按照安全模型的要求实现一个新的操作系统。
在编写安全操作系统的代码时，应该实行严格的管理与代码审核制度，防止写入非要求功能的代码。

（五）测试阶段

测试时，应该按照设计时确定的安全等级严格测试所实现的操作系统的安全性能，检查其是否与设计文档中确定的性能指标与安全等级相一致。测试阶段需要对操作系统进行各种可能的攻击，并检查是否可以攻破系统。

二、操作系统中的安全功能与技术

在多用户、多任务操作系统中需要实现以下主要的安全功能。

（一）对客体的访问控制

操作系统中的客体除内存、文件外，还包括 I/O 设备、用户进程、并行与同步机制、数据结构、系统表格、特权指令、通行字和用户认证机制本身、保护机制本身等内容。对于这些客体的使用必须加以控制，防止未经授权用户的访问。

（二）用户的认证

操作系统需要识别进入系统访问的每一个用户，确认他们的身份，确保进入系统的用户是合法用户。最普遍的认证机制是通行字检验，敏感性高的系统还可以考虑采用硬件认证机制。

（三）共享的控制

应该为用户提供资源共享的功能，但共享必须保证完整性和一致性，还要防止因共享造成信息泄露。

（四）保证公平服务

在多用户的环境下，CPU、外设和其他服务属于共享客体，各个用户都希望得到及时与公平的服务，防止服务拒绝现象发生。实现公平服务主要靠硬件时钟和调度规则解决。

（五）内部过程的通信与同步

操作系统需要提供服务，这主要是为了满足进程间通信要求和同步对共享资源的操作。

（六）分离技术

为了提高操作系统安全性，可以采用三种分离技术，使一个过程和其他过程分开。这三种分离技术包括物理分离、时间分离和加密分离。物理分离是指让各个过程使用不同的硬件设施，如让敏感数据运行在内部专用的 CPU 上，非敏感数据则运行在公开对外服务的计算机系统上；时间分离是让各个过程在不同的时间内运行，如可以规定上午运行敏感任务的程序，下午运行非敏感任务的程序；加密分离是通过加密数据的方法，使无权的过程无法读取这些数据。

（七）逻辑隔离技术

逻辑隔离也是一种分离技术。例如，在多用户系统中，同时运行的几个进程可以各自完成自己的计算任务而互不干扰，这就是逻辑隔离的结果。多用户系统中提供逻辑分离的方法包括虚拟存储技术和虚拟机技术。

IBM MVS 操作系统提供逻辑分离，用户感觉其像是物理分离。多供应商服务（MVS）采用分页技术实现虚拟存储器，每个用户的逻辑地址空间通过页面映射机构与其他用户的逻辑地址空间分开，虽然用户程序同处于一个物理存储器内，但用户并不能直接编程访问内存的物理地址。在 MVS 系统中，每个用户的逻辑地址空间都包含操作系统，所以用户好像运行在分离的机器上一样。

IBM 虚拟机（VM）操作系统比 IBM MVS 操作系统更进一步，不仅可以向用户提供虚拟存储器，还可以向用户提供逻辑 I/O 设备、逻辑文件和其他逻辑资源，等于向用户提供了完整的虚拟机器。因此 VM 系统提供了更强的保护层，虚拟机提供给用户全套的硬件特征，并且实际硬件资源在逻辑上与其他用户的资源是分开的。

VM 操作系统的设计是为了运行其他操作系统。VM 中有一个控制程序（CP），CP 完成与所有硬件的实际交互，在每个操作系统之间传递信号，其作用就像操作系统与硬件之间的第二个安全层，因而进一步提高了系统的安全性。

由于 MVS 和 VM 都把用户与实际计算系统分开，这在很大程度上减少了安全漏洞造成的影响，但增加了系统设计与实现的复杂性。

三、可信操作系统的设计原则

操作系统是十分复杂的系统，它负责管理与控制进程、内存、CPU、硬盘、I/O 设备以及文件、数据区和其他系统资源。操作系统是紧密附着在计算机硬件之上的一层软件，它向用户应用程序提供运行支持和资源访问服务与控制。操作系统一方面要提供安全服务，这使得系统变得更复杂；一方面又要提供高效快速的响应，这又要求操作系统的代码必须十分简洁。

安全操作系统的设计原则必须考虑安全信息系统的需求，这些安全需求包括满足保密性、完整性和可用性等要求，它们的具体要求如下。

（一）保密性

保密性要求就是要确保用户存储在系统中的信息不能未经允许地被"外泄"或未经授权地被访问。主要防范措施包括信息加密存储和采用各种访问控制技术，防范一切可能的泄露途径，包括人为有意与无意的和物理的泄露。

（二）完整性

完整性要求主要指确保系统中用户信息的完整和真实可信。保证信息完整性的主要措施是采用强有力的访问控制技术，防止对系统中数据的非法删除、更改、复制和破坏。此外，还应防止意外的数据损坏与丢失。

（三）可用性

可用性要求是要保证合法用户快速、方便和正确地利用自己在系统中的数据，不得在用户需要使用自己数据的时候发生拒绝访问的问题。主要保障措施除了防止硬件故障外，还要防止系统信息管理功能发生软件故障。

为了满足信息系统的安全需求，在信息系统设计阶段就应该根据安全需求进行严格设计，把安全性作为系统设计的一个重要部分加以实现。美国著名信息系统安全顾问沃德提出了二十三条设计原则，具体内容如下所述。

第一条：成本效率原则。应使系统效率最高而成本最低，除军事设施外，不要花费 100 万元去保护价值 10 万元的信息。

第二条：简易性原则。简单易行的控制比复杂控制更有效和更可靠，也更受人欢迎，而且省钱。

第三条：超越控制原则。一旦控制失灵（紧急情况下）时，要采取预定的控制措施和方法步骤。

第四条：公开设计与操作原则。保密并不是一种强有力的安全措施，过分信赖可能会导致控制失灵，对控制的公开设计和操作，反而会使信息保护得以增强。

第五条：最小特权原则。只限于需要才给予这部分特权，但应限定其他系统特权。

第六条：分工独立性原则。控制、负责设计、执行和操作不应该是同一人。

第七条：设置陷阱原则。在访问控制中设置一种易入的"孔穴"，以引诱某些人进行非法访问，然后将其抓获。

第八条：环境控制原则。对于环境控制这一类问题，应予重视而不能忽视。

第九条：接受能力原则。如果各种控制手段不能为用户或受这种控制影响的人所接受，控制则无法实现，因此，采取的控制措施应使用户能够接受。

第十条：承受能力原则。应该把各种控制设计成可容纳最大多数的威胁，同时也能容纳那些很少遇到的威胁。

第十一条：检查能力原则。要求各种控制手段产生充分的证据，以显示已完成的操作是正确无误的。

第十二条：防御层次原则。要建立多重控制的强有力系统，如信息加密、访问控制和审计跟踪等。

第十三条：记账能力原则。无论谁进入系统后，对其所作所为一定要负责，且系统要予以详细登记。

第十四条：分割原则。把受保护的东西分割为几个部分并一一加以保护，以增加其安全性。

第十五条：环状结构原则。采用环状结构的控制方式最保险。

第十六条：外围控制原则。重视"篱笆"和"围墙"的控制作用。

第十七条：规范化原则。控制设计要规范化，成为"可论证的安全系统"。

第十八条：错误拒绝原则。当控制出错时必须能完全地关闭系统，以防受攻击。

第十九条：参数化原则。控制能随着环境的改变予以调节。

第二十条：敌对环境原则。可以抵御最坏的用户企图，容忍最差的用户能力及其他可怕的用户错误。

第二十一条：人为干预原则。在每个危急关头或做重大决策时，为慎重起见必须有人为干预。

第二十二条：隐蔽性原则。对职员和受控对象，隐蔽控制手段或其操作的详情。

第二十三条：安全印象原则。在公众面前应保持一种安全平静的形象。

针对安全操作系统的要求，沙尔茨和施罗德给出了以下八项设计原则。

①最小特权：每个用户与每个程序应该使用可能的最小特权进行操作，如果用户只需要读权，则不要赋予他读写权，这样可使有意或无意的攻击所造成的损害减到最低。

②节省机制：保护系统的设计应该小而简单且直截了当，这样的系统可以被穷举测试或被验证，因而可以信赖。

③开放设计：保护机制的能力不应建立在认为潜在攻击者的无知上，保护机制应该是公开的，依赖于相对来说很少的关键项目，如通行字表。公开设计还可以获得广泛的关注，接受广泛的公开审查。

④完全中介：必须检查每一次访问，即对于系统中发生的每一次对客体的访问都必须通过操作系统的控制与管理，操作系统起着中介作用。

⑤基于许可：默认的条件应该是拒绝访问，对所有的访问都应该是不能得到许可的。

⑥特权分离：合理的做法是让对客体的访问受到多级条件的控制，如用户验证再加上密钥。利用这种方法可以增加破解者的难度，即使攻破一种保护机制，也无法取得完全的访问能力。

⑦最少公共机制：客体共享提供了潜在的信息通道，容易产生不可控的信息泄露。应采用物理上或逻辑上隔离的系统，以便降低共享带来的风险。

⑧便于使用：安全机制应该方便使用。

上面介绍的各种安全性原则和安全功能应该融合于操作系统的设计与结构中，在新操作系统设计中应该在设计的每一个方面都要考虑安全性，当设计完一部分后，必须检验它能够达到的安全程度。对旧操作系统添加安全功能，则相对困难一些，因为这些操作系统在结构上就不符合安全要求，改造起来是很困难的，或者说把一个不安全的操作系统通过增补修改手段实际上是得不到安全操作系统的。

四、安全核的设计与实现技术

安全核的概念是罗格·谢尔在 1972 年提出的，并把它定义为实现访问监控器的硬件与软件，因此安全核的概念是与监控器的概念紧密相关的。安全核技术是实现高安全级操作系统的最常用技术。下面主要介绍安全核的设计与实现技术。

（一）安全核的基本概念

在普通的操作系统中，原来就有核的概念，即把操作系统中的一些最基本的和不可被中断的操作（称为原子或原语操作）集中在一起形成操作系统的内核。这些操作包括进程间的通信、消息的传递、同步和中断处理等动作，并完成低级的处理任务，但它们支持操作系统完成处理机管理、存储器管理、设备管理和文件管理等服务功能。

顾名思义，安全核负责整个操作系统安全机制的实现，向用户提供安全服务功能。安全核在硬件、操作系统、计算系统和其他部分之间提供安全结构。通常也把安全核放在操作系统内核中。安全核的技术基础是访问监控器，它是负责实施系统安全策略的硬件与软件的组合体。根据安全策略进行的访问判决是根据访问矩阵（或称访问控制数据基）做出的，该矩阵体现了系统的安全状态，它包括了主体与客体的安全属性和访问权限等信息。

在自访问控制（DAC）策略下，随着系统中主、客体的创建、删除以及对访问权限的修改，访问矩阵的内容不断发生变化，同时也体现了系统安全状态的变化。访问监控器的作用是对于系统中主体对客体的每一次访问都要实施控制。把系统的安全功能集中在安全核内有以下优点。

1. 便于防护

把安全机制和操作系统的其他部分及用户空间分隔开来便于集中保护这些安全机制不被非安全机制的功能和恶意用户破坏。

2. 便于开发与维护

安全机制集中于安全核内，由于只完成安全功能，使得安全核既小又紧凑，便于设计，便于各功能统一编码，便于调试、修改、维护与运行。

3. 便于验证

由于安全核小而简明，便于验证安全核是否实现了安全要求。

4. 安全覆盖性好

任何对被保护客体的访问都必须经由安全核的检验，这样可以保证对每次访问的检查。

把安全功能集中在安全核内，有三个主要缺陷。

一是影响了操作系统模块化结构，如把本应位于文件管理功能内的用户权限核查子功能抽出来放入安全核内。

二是由于在用户程序和资源之间又增加了安全核这一层接口，使得安全核可能会降低操作系统性能。

三是由于系统的安全要求高、功能复杂，很难保证安全核内包含了所有的安全功能，由于核本身规模也可能比较大，验证可能相当困难。

（二）安全核的设计与实现考虑

在设计与实现安全核时要考虑以下两种情况。

一是对现有操作系统进行改造，即把系统中的所有安全功能都抽出来，集中到操作系统核内。

二是设计新的操作系统，即首先设计安全核，然后以它为基础，设计整个操作系统。

下面介绍这两种设计安全核的方法。

1. 在早期操作系统中增加安全核

在早期开发的操作系统中，与安全有关的活动可能分散在操作系统的不同部分内。这些安全活动可能与用户每次进入系统和退出系统有关；与每次进程间的通信与同步等操作有关；与系统中每个主体对每个客体的每一次访问有关。若被改造的操作系统是模块化结构的，原先这些安全功能分散在各个模块中，也就是说这些模块中既包括安全功能，又包括其他功能。

现在需要把这些安全功能集中到安全核内，这就可能破坏原操作系统的模块化的特点。并且这种统一的安全核可能规模很大，难以验证其安全功能的正确性。另外，对于不熟悉的人来说，首先需要读懂旧的操作系统，然后才可能谈得上改造问题，因此，改造已有操作系统对这些人来说是一件很困难的任务。

2. 从安全核开始设计新操作系统

对于专门设计的安全操作系统，可以首先从它的安全核开始设计，然后以它为基础逐步设计整个操作系统。在以安全性为基础的设计中，安全核直接位于硬件层上面，作为操作系统其他部分与硬件的接口层。安全核监控所有的操作系统对硬件的访问。

负责整个系统的安全保护任务，其他与安全无关的功能由操作系统其余部分完成。采用安全核技术后，操作系统可以划分为硬件、安全核、操作系统的其余功能和用户任务四个执行区域。每个区域的主要功能如下所示。

①硬件：完成指定的操作。

②安全核：访问控制、认证功能等。

③操作系统其余功能：支持进程的运行、资源分配、共享管理、与硬件的交互等。

④用户任务：支持各种应用的处理要求。

安全核需要维护每个区域的保密性和完整性，需要监控以下四种基本的交互活动。

（1）进程的激活

在多道程序的环境下，从一个进程切换到另一个进程时需要完全改变运行环境信息（如寄存器、重定位映像设施、文件访问表、进程状态信息以及其他指针等），需要监控新进程是否有权访问其中的敏感信息。

（2）执行区域的切换

当一个区域中运行的进程调用其他区域中的进程时，需要监控该进程获取的敏感信息或获得的其他服务是否超越其权限。

（3）存储保护

由于每个区域中都包含存储器中的代码和数据，安全核必须监控所有对存储器的访问，确保每个区域的保密与完整。

（4）I/O 操作

考虑到效率问题，操作系统的 I/O 处理功能尽量简化，致使安全功能较弱。有的慢速 I/O 操作需要逐个字符地调用传输程序，而这些程序将外层的用户程序和最内层的（硬件）I/O 设备联系在一起，因此 I/O 操作可能穿过所有区域，是入侵者重点攻击的部位，需要重点安全防护。

霍尼韦尔公司在设计安全操作系统安全通信处理机（SCOMP）的时候也使用了安全核技术。在该系统原型中，安全核中只有 20 个模块，大约 1000 行高级语言代码，用以完成安全功能。后来最终系统的安全核有将近 10 000 行源代码。可见，安全核还是比较大的。SCOMP 系统最终采用的是环型结构设计技术。

UCLA UNIX 系统试图给用户提供一个安全的 UNIX 环境，而不是完全实现 UNIX 系统本身的全部功能。该系统采用了以下三层结构。

①硬件和安全核在最底层。
②原操作系统的任务在第二层。
③用户进程和某些实用程序运行在第三层。

系统向用户提供了 UNIX 接口，从用户级看去系统实现了 UNIX 标准，但实际上系统并没有实现 UNIX 标准。该接口通过核接口子系统接口与核交换信息，核接口通过传统的调度程序和网络管理程序与用户 UNIX 系统交互信息。系统中的政策管理模块和会话模块是可信赖软件，通过它们获取可信赖数据，在用户与核之间提供一条可信赖的用户通道。UNIX 系统的安全核比较小，约由 2000 行代码组成。

关于对现有操作系统进行安全性改造的典型例子是对已有的 VM/370 操作系统的改造。在该系统中增加一个安全核，改造后的系统称为核化的 VM/370（KVM/370）。改造的客体至少保留原系统的一半代码不变，利用 VM/370 的虚拟机概念，让 KVM/370 虚拟机能支持多个彼此隔离的机器，并让它们具有不同的安全级。安全核与负责处理用户注册和认证、与对磁盘和目录访问的可信赖进程之间交换信息，共同完成安全保护功能。

三次握手通行字系统的原理：用户进入系统时，首先给出用户标识符和通行字，系统给出与该用户事先约定的通行字回答，用户必须再用第三个通行字回答。假设系统中伪装的用户认证系统有可能截获用户的第一个通行字，但伪装程序不能送出第二个通行字，它也就无法跟踪用户并得到第三个通行字。该系统的改造因问题太多，最后终止。这个事例说明，改造现有操作系统并使它达到某种安全级别的要求是一件非常困难的工作。

第四节　程序系统安全

一、程序对信息造成的危害

（一）陷门

陷门是一个模块的秘密未记入文档的入口。在程序开发与调试期间，程序员常常为了测试一个模块或者为了今后的修改与扩充，或者为了在程序正式运行后，当程序发生故障时能够访问系统内部信息等目的而有意识预留。这种陷门可以被程序员用于上述正常目的，也可以被用于非正当目的。下面是程序模块测试的一个例子。

一个程序系统的功能往往是非常复杂的，根据软件开发的要求，程序员一般采用模块化技术开发与测试软件系统。测试时，首先测试单个模块，然后再把分立的模块按照处理逻辑组装到一起。

在程序的测试过程中，当测试有复杂调用关系的模块时，有时为了判断错误的原因，需要在被测模块内插入调试代码。这些代码通常用于显示模块的中间计算结果，或用于判断上一级模块传递到被测模块的参数是否正确，有的也用于跟踪程序的运行轨迹。例如，可以利用 PRINT 语句显示模块内的某个参数值或某个内部变量的值。又如，可以用一组简单赋值语句 var：=value 作为调试代码，允许程序员在程序运行期间更改程序的参数值，或用于调试该模块的正确性，或者用于向被测模块传递参数驱动模块、被测模块和桩模块之间的调用关系值。这种插入指令的方法是一种广泛使用的调试技术。在调试完成后，这些调试指令如果未被及时清除，则可能留下所谓的"陷门"。

产生陷门的另一个原因是设计或编程漏洞造成的。在某些设计粗劣的程序系统中，只检查正常输入情况，忽略对非正常输入的检查，使得用户即使输入错误值仍然可以进入程序系统。例如，某程序的输入模块期望读入一个人的年龄值，由于程序中没有检查输入值的合理性的功能，可能会将用户输入的 250 或 -30 作为合理的年龄值接受，从而允许该用户进一步执行程序的其他功能。又如，程序的某模块期望处理成绩优秀、良好和及格三种人员的情况，并有相应的 CASE 语句进行过滤。如果在 CASE 语句中只有处理这三种情况的分支语句，则当遇到不及格情况时，就可以跳过该 CASE 语句，执行程序的后续功能，这也是常见的程序缺陷。

在硬件处理器设计中也存在一些缺陷，如许多处理器中并非所有的操作码值都对应相应的机器指令。那些无定义的操作码常被用作特殊指令，或被用于测试处理器的设计，或者由于处理器逻辑设计上的漏洞，并未阻塞这些未定义的操作码的逻辑通路，使得当程序中出现未定义操作码时，处理器仍能继续执行。

程序中的陷门也可以用来发现安全方面的缺陷。审计程序有时需要借助成品程序的陷门向系统中插入虚设的但可识别的业务，以便跟踪这些业务在系统中的流向，进而研究系统中是否存在安全方面的漏洞。

程序员在程序调试结束时，应该去掉陷门（即各种调试用的语句），但程序中仍可能存在陷门的原因有以下几种。

①忘了去掉某些调试语句，留下了陷门。

②故意保留下来以便用于别的测试。

③故意留在程序中以便有助于维护已完成的程序。

④故意留在程序中以便它成为可接受的成品程序后，有一种访问此程序的隐蔽手段。

以上情况中，第一种是无意识的安全疏忽，中间两种是对系统安全的严重暴露，而最后一种情况则是全面攻击的第一个步骤。对于用于程序测试、修改和维护目的的陷门本身并无错误，而是一种常用的技术。但是在程序调试结束后仍保留一些暴露性很强的陷门，甚至在程序易受到攻击的情况下，没有人采取行动来防止或控制陷门的使用，陷门的存在才成为弱点。陷门可以被程序员用于保证系统的正常运行而加以利用，也可以被无意或通过穷举搜索而发现陷门的任何人利用。

（二）隐蔽信道

隐蔽信道是指程序中把敏感信息传递给不该知道此信息的人的秘密途径。我国古代故事中的一些"藏头诗"中也包含了一种隐蔽信道。

在开发涉及敏感数据的程序时，程序员一般使用模拟数据进行调试，在程序试运行期间，程序员访问敏感数据是需要的。但是当程序正式运行后，程序员就不应该再接触敏感数据了。某些另有企图的程序员可能希望了解某些客户的敏感信息，如希望了解某机构大客户何时买进或卖出什么股票等信息。在许多情形中，程序员可能想开发一种可以秘密传递用户敏感数据的程序，那么程序员想出来的办法就是在程序中建立隐蔽信道。

程序员建立隐蔽信道的方法有很多，主要有以下方式。

1. 在输出报告中隐蔽输出敏感信息

如果把敏感数据直接用报表打印出来，在有的情况下十分引人注目，容易引起安全人员的注意。但程序员可以通过改变输出格式、变动行的长度、打印或不打印某个确定值的方法将某个敏感数据编制到一个正常的报告中。例如，将输出标题中的单词 total 改为 TOTALS 可能不会引起注意，却建立了 1 bit 信息量的隐蔽信道。例如，可以用 S 的出现与不出现表示本次输出报表中是否有秘密信息输出，也可以用于表示某个敏感文件是否已经建立，通知窃取者可以去访问。

敏感数字值可以被精心安排在输出结果清单的不重要位置上，也可以在事先约定好的某列小数点后第几位上输出一串敏感数字，其中每个数字插入在一行上，其手段就像上面介绍的藏头诗中使用的方法一样。

2. 向另一个程序传递敏感信息

如果根本不允许程序员看到程序的输出报告，那么程序员在输出报告中做手脚就没有什么用途。程序员可以让敏感程序调用一个不敏感程序，把敏感数据传递给不引人注意的程序，然后由后者把敏感信息泄露出来。例如，可以把用户的通行字传递给另一个程序。

用户在自己的敏感程序运行时，应该注意其他正在运行的程序的输出操作是否正在输出自己的敏感信息。较好的防止方法是在运行敏感程序时，应该禁止所有其他程序的运行，可以采用分时运行（即规定某一时间区间内只运行敏感程序）的办法防止这类问题的发生。

3. 建立隐蔽信道

有些程序员可能建立一个只有自己知道的隐蔽信道。假定某一程序（敏感程序）执行时可以访问敏感数据，而程序员又无法通过打印输出报告的方式透露敏感信息，但只需要知道敏感程序是否在执行即可。

在这种情况下，程序员可以安排这个程序用二进制信号传递信息，如传递的二进制信息可以来自磁带驱动的启停、来自系统控制台上灯的亮灭，或者来自产生了一个通知操作员做某个处理的消息。另外，程序员也可以在敏感程序中安排秘密信道，把敏感数据秘密地写到某个秘密数据文件中，等敏感程序运行结束后，程序员再取走该数据文件。

上述一些泄露信息的例子中，有的只需要小信息量的编码就可以透漏出某些敏感信息。由于程序产生的输出量极大，混在其中的这些编码实际上是不可能被检测的，更不用说破译了。例如，前面所说的把 total 加一个 S 后输出、某个字符数据项增加或减少一个空格、输出行数增加或减少一行等，都可以使用二进制编码形式，用于表示某种敏感信息的存在与否。一个文件的存在与否可以表明是否发生了另外一种行动，也可以用以表示另外一个程序是否已经成功地破坏了系统的安全。表示一个文件是否存在只需一个比特的编码。

二、共享技术对程序安全的危害

在 IT 资源稀缺的时代，设计者们采用 CPU 时间片轮转、磁盘分区、网络协议聚合等方式尽量提高设备的运转效率，使多个用户能够协同工作互不影响。当前，IT 资源的性能已呈几何级数上升，已经能满足为单一用户提供独占式资源的需求。但是，由于用户数的大量增长，为每个用户都提供独占式资源，会导致大量的资源浪费，共享技术可以提高闲置资源的使用率。

尽管共享技术提供了较强的用户鉴别和权限判定机制，但在运行过程中多个用户同时操作资源仍然具有风险，因为资源隔离和用户访问控制依赖于共享的管理机制，如果这种机制在运作过程中存在漏洞，则可能为合法用户分配本不该其占有的资源，或是使恶意攻击者能够越过隔离机制非法访问其他用户的资源。这过程可能导致正常用户的资源被抢占、共享机制故障，甚至服务器被植入木马窃取敏感数据等一系列严重后果。例如，蓝色药丸是一类以管理程序身份执行的 Rootkit，其目标是恶意控制资源。该程序可以工作在 AMD 虚拟化环境下，通过虚拟机管理器的漏洞来取得虚拟环境的控制权限，进而拦截所有操作系统硬件及软件间的数据交互过程。恶意程序运行于虚拟环境的底层，对所有系统中断、进程执行和 I/O 操作都具备拦截能力，因此破坏共享及访问控制机制、窃取用户数据也就非常容易。

共享技术实现资源共享的同时又引入了新的风险。如果资源基础设施存在隔离的漏洞，当成功攻击服务器上的特定用户时，该服务器的所有资源就都向攻击者敞开了大门。在计算机环境中，虚拟化是最为广泛的共享技术，它允许多个用户在同一物理主机上共享数据和应用程序，从而降低各自的使用成本。然而，虚拟化技术存在多方面的安全问题，用户的关键数据有可能在不经意间落入攻击者之手。

第五节 安全软件工程

一、需求分析控制

待开发的新程序系统的需求分析需要由开发者与用户共同合作完成。开发方应该根据需求分析阶段软件规范要求，认真组织实施软件需求分析计划，完成需求分析阶段的任务；程序的用户既是需求分析工作的组织领导者，又是开发方需求分析的积极配合者，用户应该对待开发的程序提出明确的功能要求、数据要求以及安全要求。开发者应该制定满足用户要求的安全与保密方案，并把它们体现到相应处理功能中。

详细描述需要实现的系统功能，采用适当的分析技术（如结构化分析或面向对象分析技术）分析新系统的功能，并给出系统的功能模型和系统的处理流程，可以采用数据流图或输入—处理—输出等方法描述用户的需求和处理流程。

确定新系统的数据要求和每个数据元素的属性。把数据按逻辑相关性组织到一起，形成表格或其他组织形式。按不同的敏感度把数据划分为不同安全等级。

详细描述用户提出的系统安全与保密要求，确定系统的总体安全策略，并对用户的安全需求进行分类，区别哪些要求可以由购买的系统提供支持，哪些要求是由开发者自己实现的。然后根据这些要求与安全策略确定相应的安全机制，这些机制应该是可以利用现有安全技术实现的或可以购买到的。

把需要由开发者自己实现的安全与保密要求分配到相应的处理功能中，而功能又与相应的处理对象挂钩；根据需要由运行环境提供的安全保密要求，选择达到某种安全级别（如 C2、B2 级）的操作系统、数据库系统软件平台和硬件平台。开发者还应该解决自己开发的安全功能与现成系统提供的安全机制之间的有效结合问题。

建立新系统安全模型和安全计划。安全模型应该符合总体安全策略的要求，并且应该是简洁和便于验证的；安全计划应该是具体和可实施的。

二、设计与验证

（一）系统功能分解原则

根据软件工程的原则，需要把待开发的程序功能模块化。模块化设计的方法很多，其中结构化设计方法和面向对象设计方法应用最广泛。把大的系统模块化有很多优点，不仅有利于编程，而且也有利于安全。根据模块划分的原则，要求模块功能的独立性要好，模块之间的相关性要小。

模块之间的交互是通过参数传递实现的，良好的模块化设计还要求模块之间传递参数的数量要少。因此，模块在一定程度上是自治的，即模块的代码及其处理的对象（数据）被封装在一起。一个模块不能访问另一个模块内部的数据，这种特性称为信息隐蔽。模块的所有这些特点都提高了系统的安全性。满足以上要求的模块化设计有以下优点。

1. 降低了编程的复杂性

由于每个模块功能的单一性和规模相对的小，每个模块的代码数量不大，在结构化设计中，要求每个模块的代码的行数不超过一页打印纸的容量（60行左右）。这样规模的小程序是比较容易编写的。在面向对象的概念中，以对象为单位进行分解，对象中封装了与其有关的处理算法、数据结构和对象间通信机制，其规模较模块而言可能不同。

2. 提高了系统的可维护性

由于要求模块功能相对独立，系统结构是模块化的，在系统中增加新模块或修改已有模块都不会对旧系统做大的改变，对其他模块的影响相对少；又由于一个模块的代码较短，容易阅读、容易理解。这些对于程序员的维护工作都是有益的。

3. 提高了软件的可重用性

一个模块的功能独立使得这个模块有可能在其他软件中重用，可重用性是提高软件开发效率的有效方法，可以提高系统的可靠性和安全性。一个正确的模块用于其他软件，还可以减少测试的工作量。

4. 提高了系统的可测试性

由于模块功能的单一性和代码的简短性，使得比较彻底地测试一个模块成为可能。这样每个模块都有可能获得详细的测试，把这些测试过的模块集成到一起就比较容易。

5. 提高了系统的安全性

由于模块把其代码和处理的数据封装在一起，使模块内部变成一个黑盒子，实现了信息隐蔽与模块间的隔离，便于对数据的访问控制。模块之间的信息交换，以及它们对共享数据的访问都可以受到控制，从而提高了系统的安全性。

（二）数据集的设计原则

位于模块之外供若干模块共享的数据需要以数据库或数据文件的形式存放，一般把这两种组织形式的数据称为数据集。这里不准备讨论如何设计数据库或数据文件的结构，主要讨论一些设计原则。设计数据集的原则主要有四个。

1. 减少冗余性

冗余性会威胁数据的完整性与一致性。如果是设计数据库，首先要遵照关系三范式理论和数据元素的相关性建立数据库的库表；如果是数据文件设计，也应该把紧密相关的数据放在一个文件中，尽量减少冗余性。

2. 划分数据的敏感级

尽量按敏感级分割数据，这样便于对敏感级高的数据加强访问控制管理。数据的敏感级与数据的用途、重要性等因素有关，需要根据数据的敏感级对用户进行分类，以便确定用户对各个数据（库）文件的访问权限。

3. 注意防止敏感数据的间接泄露

需要特别注意的是，不能因为允许访问非敏感数据，而造成敏感数据的开放或间接开放。

4. 注意数据文件与功能模块之间的对应关系

处理敏感数据的模块越少越好，最好仅由一个模块负责对敏感数据的处理，便于集中精力实现与验证这个模块的安全性问题。由于这种模块的敏感级别高，对这种模块的调用需要进行严格控制，最好通过统一的访问控制模块调用。

（三）关于安全设计与验证问题

在设计阶段需要做的安全性工作主要有两部分：一是验证新系统的安全模型的可行性和可信赖性；二是根据安全模型确定可行的安全实现方案。

安全模型的验证与安全模型本身的形式化程度有关，如果形式化程度高，可以采用形式化验证技术。但大多数情况下，模型是非形式化的，在这种情况下，只能进行非形式化验证，验证的方法主要是"推敲"。不仅设计者自己需要反复推敲，而且还要请专家推敲和进行各种攻击，寻找漏洞。

对于安全性要求很高的信息系统（如军事信息系统，银行信息系统），用户应该要求开发方按照安全计算机系统评价标准的相应安全级别的要求建立形式化安全模型，要求设计者对模型进行严格验证。

当确认安全模型提供的安全功能是可信赖的时候，设计者应该设计整个应用系统的安全实现方案，并把这些安全功能分配到相关模块中。整个应用系统应该有一个安全核心模块，这个模块完成对使用应用程序的用户登录、身份核查和访问控制等功能。关于安全方案及功能的分配问题应该注意以下几点。

①确定安全总体方案时，应合理划分哪些安全功能是由操作系统或数据库系统完成的，哪些安全功能由应用程序自己完成。由应用程序实现的安全功能应包括：使用本程序的用户身份核查、用户进入了哪个功能模块、操作起止时间、输出何种报表、对敏感模块的访问控制等。对数据库或操作系统的访问，由这些系统的安全机制负责。

②根据总体安全要求，选择相应安全级别的操作系统和数据库系统，而且二者的安全级别应该匹配，如果需要 C2 级安全，二者都应该是 C2 级的。

③在分配应用程序实现的安全功能的时候不能太分散，应该相对集中地分配到上面提到的那些敏感模块和访问控制模块中。

④对那些担负安全功能任务的模块的设计，需要提出特别要求。模块的封装性要好（信息隐蔽性好），任何对安全模块的调用必须通过参数传递的形式进行。在安全模块的入口处或在安全模块入口的外部设置安全过滤层，对所有对安全模块的访问加以监控。

三、编程控制

安全漏洞大多数是由于程序员在编程阶段有意或无意引入的。加强在编程阶段的安全控制是减少程序中各种安全漏洞的关键环节。主要措施是加强编程的组织、管理与控制，加强对程序员的职业道德教育，加强对源代码的安全检查。

（一）编程阶段的组织与管理

在很长的一段时间里，人们认为程序编制是程序员个人的事情。程序员接受编程任务后，独自一人完成，最后把目标程序运行给用户看，如果用户认为程序员已经达到了预计的功能要求，程序员只要再把源代码交给用户就可以了。这个过程中可能存在以下问题。

①程序员是否对目标程序进行了较彻底的测试，程序中是否还存在较严重的问题。

②目标程序中是否还有其他多余的用户不需要的功能。

③目标程序中是否包含恶意的功能代码。

④程序员提交的源代码与目标程序的版本是否一致。

⑤软件文档是否齐全，是否合乎要求。

这些问题有的是属于组织、管理与控制方面的，有的是属于程序员的职业道德方面的，还有的是属于安全检查方面的。解决这些问题的关键措施是贯彻软件工程原则，并遵照安全系统的开发规则去开发软件。

由于软件规模一般都比较大，程序开发任务很难由程序员一个人单独完成。一个较高水平的程序员的年程序产出量是 2000 行代码，根据编程语言的不同和开发平台能力的强弱，也可能是这个数量的 2—3 倍。对在某些复杂任务中的高明的程序员来说，平均每天也可能只编写 2—3 行代码。面对这样的生产能力，由单个程序员完成几万行甚至上百万条代码的程序的编写任务是很难胜任的。

软件工程适用于大规模程序设计，其基本原则是人员划分、代码重用、使用标准的软件开发工具以及有组织的行动。这几项原则在编程阶段都需要运用。例如，编程人员根据任务与工作量情况划分为不同的程序员组，每个组由5—7个人组成，由一个主程序员负责按设计文档要求完成模块的编程任务，并监督这个组的编程质量。

程序开发环境中应该提供软件重用库，软件重用可以是程序结构级、模块级和代码片段级。重用时，可以是全部、部分或修改利用。当编写一个模块的程序时，应该根据该模块的功能与结构查找软件重用库，如果有就选用，否则就编写。编写时也要根据总体要求的编程方法（如结构化编程、面向对象编程）去编写模块程序，根据软件工程要求，程序员不得擅自更改模块的设计要求，包括模块的功能与接口。

（二）代码审查

程序中各种错误与漏洞，有的是程序员无意产生的，有的则是故意制造的。除了对程序员加强责任心和职业道德教育外，防止这些问题出现的最好办法是进行代码审查。假定设计阶段提供的概要设计文档和模块详细设计文档是正确的，程序员需要理解自己编程的那些模块的说明和接口要求，有可能出现程序的实现与设计文档不一致的地方，另外，也有程序员自己产生的逻辑错误。及时发现这些不一致和逻辑错误是很重要的。

软件工程的一个原则是：保证代码的正确是一组程序员的共同责任。因此，一组中的各个成员要相互进行设计检查和代码检查（假设这一组既负责设计工作，又负责编程实现）。当一个程序员完成某一部分的模块代码编写后，应该邀请其他几个设计者和程序员对设计文档和代码进行检查。模块的开发者应出示所有文档资料，然后等待其他人的评论、提问和建议。

这种编程方式，称为"无私"编程。每个人都应该认识到软件产品属于整个集体，而不是属于某个程序员。相互检查是为了保证最终产品的质量，不应该根据发现的错误而去责怪程序员。因为所有检查者本身都是设计者或程序员，他们懂得编程技术，他们有能力理解程序，发现其中的错误。他们知道什么代码在程序中值得怀疑，什么代码与程序不相容，什么代码有无副作用。

对于安全性要求高的系统，在整个程序开发期间，管理机构应该强调代码审查制度。严格的设计和代码审查制度能够找出所描述的缺陷与恶意代码。虽然有些程序员可以隐藏其中某些缺陷，但有能力的程序员检查代码时，发现这些缺陷的可能性就增大了。如果模块代码的规模在 30—60 行之间，发现各种问题的可能性就更大了。

四、测试控制

程序测试是使程序成为可用产品的至关重要的措施，也是发现和排除程序不安全因素最有用的手段之一。进行程序测试的目的有两个：一个是确定程序的正确性，另一个是排除程序中的安全隐患。

发现程序错误是一件好事情，不能因为发现错误就作为批评程序员的依据，更不应该因此对程序员产生不好的印象。为了发现程序错误，需要设计测试数据，每次使用的测试数据称为测试实例。

如果发现了错误，说明测试实例是有效的。为了测试一个程序需要大量的测试实例，而设计测试实例需要设计人员具有很高的技术水平与经验，需要掌握测试理论和测试方法，需要了解程序的模块结构、模块的输入输出参数、程序的数据流与处理流（使用黑盒测试方法）。为了进行更严格的测试，还需要了解模块内部的代码逻辑结构（白盒测试法）。

测试是为了发现更多的程序错误，而不是为了证明程序是正确的，这也是设计测试实例的出发点。如果能发现更多的错误，说明测试是严格的；如果没有发现错误，也不能说程序是正确的，只能说明测试实例无效。根据测试理论，程序测试是有限的，不可能穷尽程序的所有运行状态，但测试实例应该覆盖程序中为实现其处理功能必须运行的状态和可能进入的各种状态。

可能由于思维的"惯性"原因，或因程序员和自己编的程序间关系太密切的缘故，事实证明程序员很难有效地测试自己的程序，不太容易发现自己程序中的错误。有实力的公司可以建立独立的测试小组，当编程任务结束时，程序员提供相应模块的文档资料（包括模块设计资料和代码），测试小组开始设计测试数据。

如果采用黑盒测试技术，则不需要涉及源程序；如果采用白盒测试技术，则需要参照源代码。测试过程中，测试小组需要和程序员交流，对测试结果取得一致的解释。测试小组应该根据需求文档和设计文档的功能要求去测试系统，而不是根据程序员个人的说明和要求去测试。如果没有专门的测试小组，只能由程序员相互测试，无论如何都不能由程序员自己测试自己编写的代码。

从安全的角度来讲，由测试小组独立进行测试是值得推荐的，程序员隐藏在程序中的某些东西有可能被独立测试所发现。独立测试对怀有不良意图的程序员是一种有效的威慑。

五、运行维护管理

（一）配置管理的必要性与目标

软件配置管理的目标是保证对所有的系统组成部分，包括软件、设计文件、说明文件、控制文件等正确版本的使用和可获取性，简单地说，配置管理就是强化组织、控制修改和簿记工作。

由于许多原因，一个软件的并行版本会不止一个。例如，一个在市面上流行的软件，可能会有一个已发布的版本、一个程序员刚修改过但还未发布的版本和一个正在开发的增强型版本。又如，一个软件可能运行在三种操作系统上的版本，每次当一个模块修改后，必须对所有其他操作系统上的版本进行修改，然后进行测试。对一种版本的修改，还要求修改这个版本的其他部分，因此对每个版本，都有一个正在修改的版本和一个发行的版本。对这些不同的版本以及对它们所做的修改，必须加以记录与控制。

如果程序是由多个程序员共同编制的，当一个程序员修改了一个模块后，必须通知其他程序员，因为这个模块可能影响其他模块。编写程序的人不能任意修改程序，即使修改是为了更改已经发现的错误也不行。

通常程序员应该保留更正后的那个程序拷贝，等待统一的更新周期到来，在此期间程序员将完成对程序的所有修改，并重新测试整个系统。每个程序都有静态版本和工作版本。随着系统开发的进展，就有在不同阶段测试或者与其他模块结合的不同静态版本。

根据上述情况，配置管理应达到以下目的。

①避免无意丢失（删除）某个程序的某个版本。

②管理一个程序或几个类似版本的并行开发。

③提供用于控制相互结合构成一个系统的模块的共享设施。

这些目标可通过管理源程序、目标代码和文件的系统方法来达到。配置管理也需要相应的软件工具支持，该工具应该提供详细的记录，使每个人可以知道每个版本的拷贝存放在哪里，这个版本与其他版本有什么不同的特征。在正规的软件公司中，通常指定一个或多个管理专家来完成这项任务。

通常一个程序员在某个时间停止对一个模块的修改，将控制交给配置管理系统，程序员不再有权利和能力来修改这个版本。从这时起，对软件的所有修改都由配置管理部门监督进行，配置管理部门要审查所有修改请求的必要性、正确性，以及对其他模块产生的潜在影响。

（二）配置管理的安全作用

在运行维护阶段利用配置管理机构，既可以防止非故意的威胁，又可以防止恶意威胁。采用配置管理机构可以有效地保护程序和文件的完整性，因为所有的修改都必须在获取配置管理机构同意后才能进行，管理机构对所有修改的副作用都做了认真的评估。配置管理系统保留了程序的所有版本，可以追踪到任何错误的修改。

由于配置管理的严格控制，一旦一个检查过的程序被接受且被用于系统后，程序员就不能再偷偷摸摸地进行小而微妙的更改，不可能再在程序中做手脚。程序员只能通过配置管理部门来访问正式运行的产品程序，这样就能在软件运行维护阶段堵住恶意代码的侵入。

为了防止源代码的版本与目标代码文件的版本不一致，配置管理部门只在源程序级别上接受对程序的修改。尽管程序员已经编译并测试了这个程序且可以提供目标代码，而配置部门只允许在源程序中插入语句、删除和代换。配置部门保存原始的源程序及产生各个版本的单个修改指令。当需要产生一个新版本时，配置管理部门建立一个暂时用于编译的源程序副本。对每次修改都精确记录修改时间和修改者姓名。

六、行政管理控制

行政管理控制应在软件工程的各个阶段实施，行政管理控制是为了保证软件开发按严格的规范完成。行政管理控制的主要内容包括标准的制定、标准的实施、人员的管理与教育。

（一）制定程序开发标准

程序开发必须遵照严格的软件开发规范。程序开发不仅要考虑正确性，还需要考虑与其他程序的兼容性和可维护性等方面的需要。作为一个正规的软件开发单位，应该制定一些标准，规范每个程序员的行动，下面是一些需要制定的标准。

①设计标准，包括专用设计工具、语言和方法的使用。

②文件、语言和编码格式标准，如规定一页中代码的格式、变量的命名规则，使用可识别的程序结构等。

③编程标准，包括规定强制性的程序员间对等检查，进行周期性的代码审核，以便确保程序的正确性和与标准的一致性。

④测试标准，规定使用何种测试方法和程序验证技术，以及对测试结果存档的要求，以备今后查询。

⑤配置管理标准，规定配置管理的内容与要求，控制对成型或已完成的程序单元的访问和更改。

建立这套标准的作用，除了可以规范程序员的开发过程外，还可以建立一个公用框架，使得任何一个程序员可以随时帮助或接替另一个程序员的工作。这些标准有助于软件的维护，因为程序员可以得到清晰可读的源程序和其他维护信息。

（二）控制标准的实施

制定标准容易，执行标准难，造成这种现象的原因：一是标准往往和程序员的习惯不一致，执行标准增加了工作的负担；二是往往因为时间紧、任务急，放松了对开发标准的要求，强调项目的完成而不是遵循已经建立的标准。

承诺要遵循软件开发标准的公司通常要进行安全审计。在安全审计中，一个独立的安全评价小组以不声张的方式来检查每一个项目。这个小组检查设计、文件和代码，判断这些结果是否遵守了有关标准。只要坚持进行这种常规检查，恶意程序员就不敢在程序中放入可疑代码。

（三）人员的管理与使用

一个软件开发部门要想在开发安全程序方面有很高的声誉，它的人员素质是非常重要的。首先，计算机公司在招聘人才时，应该对招聘对象的背景进行必要的调查，对有劣迹的人要慎重对待。对一个新职员的信任需要较长时间的使用才能确认，随着对职员信任度的增加，公司才可以逐步放宽对其访问权限的限制。其次，对公司的职员要经常进行职业道德和遵纪守法方面的教育，使他们了解有关计算机安全法律和违法造成的后果。

在安排项目开发任务时，应该分别设置设计组、编程组和测试组，每个组都由几个人组成，各个组完成不同的任务。根据银行的经验，把一个任务分为两个或更多的部分，由不同的职员合作完成。在需要别人合作才能完成任务的情况下，这些职员很少打坏主意。

在程序设计中，可以借用这种经验，把一个程序的不同模块分配给不同的程序员编程，程序员之间必须合谋才能在程序中加入非法代码。设置不包含编程人员的独立测试小组,将对模块进行严格的测试,使程序中包含非法代码的可能性更小,这一举措可以保证程序具有更高的安全性。

程序系统安全是网络信息系统安全的重要环节。程序系统安全方面的脆弱性主要是由程序中的各种缺陷或恶意代码造成的。对于程序中的缺陷,可以通过提高程序员的编程技术水平和提高测试强度进行检测与防范;对于程序中的恶意代码,则需要通过对模块的源代码进行对等检查(程序员之间互相检查)和独立测试(由专门的测试小组测试),以便及时发现。为了让人们掌握可信软件的开发方法,要严格控制对已经正式运行的软件的修改,这样才可以防止在正式软件中增加恶意功能。

第三章　网络安全

计算机网络自出现以来，给人们带来了便利，也受到了人们的密切关注。伴随着全球互联网应用范围的扩大，计算机网络应用的发展也进入了新的阶段，计算机网络安全也成为人们关注的焦点。本章以网络安全为题目，先论述了网络安全概述，再论述了网络安全面临的威胁，最后论述了网络安全的体系结构。主要包括网络安全的定义、网络安全的策略、网络威胁的分类、网络安全结构体系等方面的内容。

第一节　网络安全概述

一、网络安全简述

我们所讲的计算机网络其实是指由计算机组成的网络环境，而不是狭义的只包括计算机的部分。对于企业来说，信息无疑是最大的财富。随着病毒的泛滥和黑客的猖獗使企业网络安全防护受到了极大的关注。企业网络就好比一个人，而人体健康的保障仅靠常备药物肯定是不够的，还需要有定期检查和良好的健康习惯等，所以企业网络的安全防护也是一样，都不是一种方法和措施就可以实现的，都需要从各个方面综合考虑。企业网络从内网到外网的安全，既需要通过防火墙等专业安全设备来解决，也需要交换机发挥积极的防护作用，以实现多重保护。

计算机网络技术是当今最具科学性的技术成就之一，也是现代通信技术与计算机技术高速发展的产物。不管是计算机的硬件技术，还是计算机的软件发展速度，都取得了令人满意的成绩。

二、网络安全的定义

网络安全是指网络上的信息安全。从广义上来讲，只要涉及网络上信息的真实性、完整性、保密性以及可用性与可控性相关技术与理论，都属于网络安全的研究范畴。

网络安全具体来讲，就是网络系统的软件、硬件以及系统中的数据得到充分的保护，不会因为恶意的攻击或其他原因遭受破坏、泄露以及更改，网络系统可以正常运行，网络服务不会随意中断。

如果单从用户的角度来讲，任何人都不会希望自己的个人隐私或有关利益的信息随意地披露在网上，而是希望能确保信息的完整性、隐私性以及真实性，避免他人随意盗取、更改、冒充等，对用户造成不必要的损失。同时，也希望当用户的信息保存在某个计算机系统上时，不受其他非法用户的非授权访问和破坏。

如果站在网络运行和管理者的角度来讲，他们希望相关的网络操作得到合理的保护与控制，避免出现非法病毒侵害，网络资源的非法占用与非法控制等，有一定的抵御网络黑客攻击的能力。

对于安全保密部门来讲，他们对网络安全的理解就是针对国家机密的信息有威胁的情况，尽量减少，甚至是消除。国家信息的泄露，会对社会的发展产生严重的危害，还会对国家造成巨大的损失。

对于社会教育与意识形态的发展来讲，网络上不健康的内容会对社会居民产生消极的影响，也会影响社会的稳定与人类的发展，有必要进行监控。

可见，网络安全主要是指基于计算机和网络的数字信息安全（在这里不加严格区分）。网络安全问题是伴随着计算机网络技术和信息数据管理普及应用而产生的。随着全球信息化进程的日益加快，数字信息大量产生，已成为当代信息的主体，并从经济到文化，从工作到生活，从军事到政务等方面对社会生活和各行各业产生巨大影响。随之而来的网络安全问题日益突出使其成为各国社会和集团无法回避的一个重大现实问题。

三、网络安全的基本内容

（一）网络安全的内容

计算机网络安全是指依靠网络管理控制与技术措施，确保网络上数据信息的保密性、完整性、可用性，保护网络上的信息安全是网络安全的最终目标和关键。网络安全就是要使信息在产生、传输、存储及处理的过程中不被泄露或者破坏。

网络安全包括三个方面：一是物理安全，也就是说要保护信息以及有价值的资源，只能在获得许可的情况下才可以被物理访问，换言之，安全服务人员必须保护这些数据信息不被非授权者移动、篡改或窃取；二是运行安全，是指在应对安全威胁时所需要进行的工作，主要包括网络访问控制（保护网络信息资源的安全使其不被非授权者使用）、身份认证（确保使用信息用户身份的真实性和可靠性）和网络拓扑（要根据自身需要设置各设备网络物理位置）；三是管理安全，就是利用综合措施对信息和系统安全运行进行有效管理。

网络安全在不同的应用环境中有着不同的解释，在不同的信息技术中也有着不同的含义，可以进一步地划分为网络系统安全、信息内容安全等。

1. 网络运行安全

网络运行安全就是保证信息处理与传输的安全。网络运行安全更侧重于保证系统的正常运行，尽量避免因为系统自身的损坏与崩溃，对信息的处理与传输造成影响，避免出现因为电磁泄漏而产生的信息泄露，因此，网络运行安全就是保护系统的合法运行与正常操作。

网络运行安全涉及的比较广泛，不仅包括应用软件的安全、计算机硬件系统的安全，还包括数据库系统的安全、计算机结构的安全、防止电磁信息泄露以及计算机系统机房的环境安全等。

2. 网络系统安全

①用户存取权限控制。
②数据存取权限。
③计算机病毒防治。
④数据加密。
⑤安全审计。

3. 信息传输安全

信息传输安全就是信息传播后的安全，包括对所有类型信息的过滤，既包括健康的信息，也包括不健康的信息，重点是在对非法、有害信息的传播加以控制，防止出现信息失控的局面，从本质上讲是维护法律尊严、道德秩序与国家利益。

4. 信息内容安全

伴随着国际上网络安全产业的不断进步与优化，我国的网络安全产业也取得了一定的进步。尤其是近几年来，我国对计算机技术的重视以及企业信息化建设的步伐的加快，对于网络的需求也越来越多，与之相对应的网络安全问题也就越来突出。网络安全的问题的出现也在推动网络技术的向前发展，不断优化现有的网络技术，以满足用户的需求，并推动网络安全技术的发展与创新。

网络安全技术从最初的防火墙到现在的多功能网络安全系统，不仅仅实现了技术上的进步，也为国家与企业在构建网络安全体系的过程中提供了助力与支持。除此之外，我们也要看见网络威胁的存在，网络威胁并没有因为网络技术的发展就此消失，层出不穷的网络威胁使得网络安全面临着新的挑战。对网络安全环境的现状进行简单的梳理，具体情况如下。

第一，对网络系统与应用系统采取安全保护措施，对应的网络应用系统设置防火墙。

第二，实现区域性地预防病毒。

第三，安全工作落实到每一位工作人员身上。

第四，升级病毒库，实现病毒客户端的监控与管理。

第五，加强员工的安全意识，规范员工的日常操作，确保安全性。

第六，规范与完善安全管理流程。

只是依靠网络安全技术的创新是不能完全解决网络安全隐患的，想要彻底消除网络安全问题，是需要一定的时间的，也需要从网络安全的方方面面进行综合考虑。

综上所述，网络安全从本质上讲就是保证网络传输信息以及存储信息的安全性，即借助不同的计算机信息技术，保护网络通信信息的传输、交换与存储的完整性、机密性、可靠性，并控制信息的传播途径。网络安全如果以结构层次为标准进一步地进行划分，可以划分为物理安全测控与安全服务。

（二）计算机网络的功能

计算机网络的功能主要集中在信息的传递以及资源共享这两方面。在网络中，通过通信线路可以实现不同主机之间、不同的主机与终端之间的数据与程序的信息传递，实现信息的共享。

网络的基本资源包括硬件资源、数据资源与软件资源，资源共享就是对上述三种资源进行共享，这就是计算机网络功能的具体表现。计算机网络还有拓展服务范围、实施集中管理等功能。

（三）计算机网络的特点

①成本低。

②操作简单。

③维护便捷。
④可靠性高。
⑤效率高。

四、网络安全的要素

网络安全中所提到的完整性、可控性、真实性等都是网络信息安全的最基本特征与目标。完整性与可用性、保密性是网络安全的基本要求。网络安全的特征是网络安全的基本组成。

（一）完整性

网络信息安全的完整性，就是指信息在存储、传输、交换、处理的过程中，确保信息保持原来的状态。准确地说，完整性是指网络信息的安全与有效，不会因为人为因素而改变原有信息的内容，也不会改变信息的形式与流向，不会被没有授权的第三方修改原有数据的完整性。保持数据的完整性，就是数据不被随意地改动与损坏。

完整性是网络信息在存储与传输的过程中，不会被有意或者是无意地破坏、修改、删除等。完整性是一种面向信息的安全性，要保持信息的原样，确保信息的正确生成、存储与传输。

完整性与保密性还是存在一定的区别的，保密性是要求信息不泄露给没有授权的人，完整性是保持信息的原样。影响网络信息完整性的主要因素有：人为攻击、计算机病毒、设备故障、各种原因造成的误码等。

（二）保密性

保密性是在可靠性与可用性的基础之上建立的，是确保信息安全的重要方式之一。网络信息安全的保密性，是指严密控制各个可能泄密的环节，杜绝私密及有用信息在产生、传输、处理及存储过程中泄露给非授权的个人和实体。

保密性是指网络中的数据必须要严格按照数据拥有者的要求，确保信息具有一定的秘密性，不会被没有授权的第三方以非法的形式获得。具有敏感性的秘密信息，只有通过拥有者的许可，其他人才可以获得信息。网络系统必须要有防止信息非授权访问的方法或途径。

（三）可用性

网络信息安全的可用性是指网络信息可以被授权使用者使用，受权使用者可以获取系统运行的存储与提取的权力，也可以在系统被攻击与破坏的时候恢复使用。

可用性是网络资源在任何时候，经过多少处理，只要有需要就可以使用，不会出现因为系统故障或者是错误操作就失去使用资源的权力。

可用性是网络信息服务在需要时，可以允许授权用户或者是实体使用的特征，在网络部分受损需要降级使用时，可以为授权用户提供有效的服务。

可用性是网络信息系统面对用户的安全性能，网络信息系统为用户提供服务是最基本的功能，只是用户的需求是不可完全预测的，用户的需求可能随时发生改变，还会随时增加或者删减要求。

可用性一般用系统正常使用时间和整个工作时间之比来度量。可用性还应该满足要求身份识别与确认、访问控制、业务流控制、路由选择控制、审计跟踪等。

（四）可控性

网络信息安全的可控性是指能有效控制流通于网络系统中的信息传播和具体内容的特性，对越权利用网络信息资源的行为进行抵制。

可控性是网络信息安全与保密的关键所在，也是对网络信息的传播途径与内容的控制。

可控性是通过计算机、网络及相关技术，保护在公用网络信息系统中传输、交换、存储信息的完整性、保密性、真实性、可用性、可靠性等。

伴随着计算机安全技术的发展，计算机安全技术在不断完善，在原有的保密性、完整性、可用性、可控性、真实性的基础上，又增加了实用性、占有性等，不断丰富着网络安全框架。

（五）真实性

网络信息安全的不可否认性也被称为可审查性，是指网络通信双方在信息交换的过程中，保证参与者都不能否认自己的真实身份，所提供信息原样性以及完成的操作和承诺。

网络信息的真实性就是指信息可信，对信息的所有者与发送者身份确认，确保信息的安全。

五、网络安全的策略

网络安全是一个相对概念，因为不存在绝对意义上的安全，所以有必要提高网络安全意识，加强网络安全管理。网络安全威胁并不是一成不变的，随着科技的进步，网络威胁的形式越来越多样化，根本就不存在彻底消除的可能，只能积极面对，提出解决的方案。针对网络安全威胁需要不断提升网络管理水平与防范能力，具体可以从以下几方面着手。

（一）信息访问策略

信息访问控制是维护网络安全的主要策略，通过信息访问策略保障网络资源不被非法使用与访问，最终实现维护网络安全，保护网络资源的目的。不同的安全策略都是为了实现维护网络安全的目的，多种安全策略结合在一起才可以真正起到安全保护的作用，尤其是访问控制，是实现网络安全的核心所在。

1. 入网访问控制

入网访问控制是最基本的访问控制，也是第一层访问控制，可以控制用户登录的时间与工作站，甚至是控制哪些用户可以登录与使用服务器。入网访问控制一般分为三个步骤，缺一不可。首先是用户名的识别与验证，然后是用户口令的识别与验证，最后是用户账户的确认限制检查，这三个步骤中只要存在一个步骤不通过，那么该用户就无法进入网络。

2. 网络权限控制

网络权限控制是针对网络非法操作所提供的安全保护措施，用户、用户组被赋予一定的权力，确保网络安全。

网络权限控制用户与用户组可以访问哪些资源，可以执行哪些操作。受托者的实现方式分为指派与继承，受托者指派控制用户与用户组使用网络资源与设备。根据访问权限可以将用户分为以下几类。

①系统管理员。
②一般用户。
③审查用户。

3. 网络服务器安全控制

用户使用控制台可以进行装载与卸载模块，执行安装与删除软件等操作。网络服务器的安全控制是建立在设置口令锁定服务器控制台的基础上，确保避免出现非法用户的进入、修改、删除、破坏、发布数据。可以用设置服务器的登录时间限制或者检测非法用户登录的方法进行预防。

4. 端口和节点的安全控制

网络中服务器的端口一般采用自动回呼设备或者静默调节设备，起到保护的作用，还要再加上密码来确保身份的识别。回呼设备与静默调节设备都是为了阻止非法用户对计算机进行攻击。

网络针对服务器端与用户端进行安全控制，用户必须使用真实的身份进行验证，可以是磁卡，也可以是安全密码发生器。在对用户的身份信息进行确认之后，才有资格进入用户端，到这并不意味着结束了，还要在用户端与服务端再进行相互验证。

5. 防火墙控制

防火墙是一种正在发展的保护计算机网络安全的策略，是阻止网络中黑客访问某个机构网络的屏障，通俗来讲就是控制进入与离开这两个方面的准入门槛。在网络边界上通过建立起来的相应网络通信监控系统来隔离内部和外部网络，阻止外部网络的侵入。

（二）数据加密策略

信息加密就是为了实现对网络上信息的保护，确保网络上传输数据的安全。网络加密最常用的方法有三种，分别是链路加密、端点加密与节点加密。

用户的需求不同，选择的加密方式也就不同。信息加密过程是由多种加密算法实践而来的，也就是利用很小的付出换取大的保护。

信息加密是确保信息机密性的最基本的方式，根据目前已经掌握的情况，各种各样的加密方式不断出现，根据不同的划分标准可以划分出不同的加密方式与加密算法。

（三）安全管理策略

提高对网络安全的重视，并制定相关的管理制度，确保网络安全。网络安全管理策略主要包括制定安全管理的规范与内容，制定网络操作使用规范，规范人员进出的管理，制定网络系统应急与维护制度。落实到实际情况就是从内部安全管理、网络安全管理与应用安全管理进行探索。

1. 内部安全管理

内部安全管理主要是运用行政手段与技术手段，建立内部安全管理制度，规范机房的管理制度、操作安全管理制度与安全事件应急制度等，并使用与之相配合的措施，确保制度的落实情况。

2. 网络安全管理

在网络层设置路由器、防火墙、安全检测系统后，必须保证路由器和防火墙的访问控制列表（ACL）设置正确，其配置不允许被随便修改。网络层的安全管理可以通过网管、防火墙安全检测等一些网络层的管理工具来实现。

3. 应用安全管理

应用安全管理是一项极其复杂的工作，各个应用的安全机制并不相同，在管理上也会存在一定的区别。建立统一的应用安全管理平台就十分有必要，如建立统一的用户数据库等。

（四）设备安全策略

在安全策略中，最不受重视的就是物理设备安全策略。设备安全策略是为了保护计算机系统与网络服务器等硬件实体与通信链路，避免自然灾害与人为破坏等。

验证用户的身份与适应权限，避免出现用户越权操作；确定计算机系统有一个良好的工作环境；建立健全设备的安全管理制度，可以有效预防破坏计算控制室的各种非法行为。

预防与控制电磁泄漏也是设备安全策略的重要内容，针对电磁泄漏的防护措施主要分为两种：一种是对传导发射的防护，减少传输阻碍与导线之间的交叉耦合；另一种是对辐射的防护，可以在计算机系统工作的状态下，利用干扰装置产生一种与计算机系统辐射相关的伪噪声，继而掩盖计算机系统工作的频率与特征，还可以利用对设备的金属屏蔽，如对机房的各种插件屏蔽，甚至是对暖气管道与金属制的门窗等都进行屏蔽。

第二节 网络安全面临的威胁

一、网络安全面临的威胁简述

网络安全面临的威胁是指有可能访问资源并造成破坏的某个人、某个地方或某个事物。影响计算机网络安全的因素很多，有自然的和物理的（如火灾、地震），无意的（如不知情的用户或管理员）和故意的（如黑客、恐怖分子、间谍等）。计算机网络所面对的威胁可以划分为两种：一种是主动威胁；另一种是被动威胁。主动威胁就是攻击者对计算机网络信息进行修改、删除等操作，被动威胁就是攻击者使用非法途径获取信息，但是不进行修改。

二、网络威胁分类

（一）网络威胁的主要表现

网络威胁可以大致分为病毒入侵、电磁干扰、修改、破坏、删除数据、假冒合法用户、未经允许擅自访问等。这些威胁可以分为无意威胁与有意威胁。

1. 无意威胁

无意威胁是在没有规划好的情况下破坏了系统的安全性、可靠性与信息资源的完整性。无意威胁并不是事先预谋好的，是由一些偶然因素引起的，如不可避免的人为事故、自然灾害等。

2. 有意威胁

有意威胁本质上就是人为攻击。网络系统自身的脆弱性，会导致有人刻意地对其进行攻击与破坏，想方设法地实现自己某些不正当的目的，如专门的网络黑客，或者是专门从事搜集信息的间谍等。

（二）网络威胁的划分

计算机网络安全威胁可以分为两种：一种是对网络设备的威胁；另一种是对网络中数据的威胁。一般来讲，网络存在四种资源：本地资源、网络资源、服务器资源以及数据信息资源。

本地资源指的是本地局域网中的个人计算机操作系统，或者是服务器的应用操作部分，这部分资源会受到黑客的直接攻击。个人用户在使用应用程序或者是在操作系统的过程中有意或者是无意地打开含有病毒的程序，会对计算机的操作系统产生影响，严重的话，会使计算机操作系统崩溃，导致计算机不能继续使用。

网络资源是本地资源与广域网进行数据交流的手段，不法人员可以利用 IP 欺骗手段，使之获得新的 IP 进入原来自己不能进入的网络，如校园网络和地区的局部网络。

服务器资源就是指服务器上开设的各种服务（如 Web、FTP 等）。

数据信息资源是指个人 Web 中访问者的信息，如好友信息、陌生人信息、客户信息等，与公司的数据信息相对比，个人信息还是比较安全的。

三、网络可能面临的威胁

(一)网络安全面临的不安全因素

1. 网络系统的脆弱性(漏洞)

伴随着网络技术的不断发展,网络安全问题也随之增多,操作系统的安全性不能再满足对安全度有很高要求的部门,黑客入侵网络的事件时有发生,操作系统在运行程序上出现了越来越多的不足与漏洞。

针对网络系统安全问题的研究也越来越集中,首先要针对网络系统的脆弱性进行分析,对于相关漏洞进行整理与分析,并提出有效的解决措施,形成网络信息系统安全体系。

影响计算机网络安全的因素有甚多,如操作系统的脆弱性、计算机系统自身的脆弱性、通信系统的脆弱性以及存储介质的脆弱性等。

2. 电磁泄漏

计算机网络中的网络端口与传输线路都存在因处理不当、屏蔽不严、没有采取屏蔽措施而造成的电磁信息辐射,进而出现相关信息泄漏。

3. 数据的可访问性

进入系统的用户可以复制系统数据,且不用留下任何痕迹。网络用户在一定的条件下,对于访问系统的相关数据,可以进行复制、删除甚至是破坏。

4. 数据库管理系统的脆弱性

数据库管理系统(DBMS)的安全与操作系统的安全相协调,对于 DBMS 来讲,肯定会存在一定的安全隐患,而且 DBMS 对数据库的管理是采用分级管理的概念,这就增加了安全隐患,黑客与不法人员可以使用探访工具,强行登录并使用数据库的数据。数据加密与 DBMS 的相关功能会存在一定的冲突,影响数据库的使用。

5. 存储介质的脆弱性

软硬盘中会储存大量的信息甚至是机密信息,这些存储在介质中的信息,有很大的风险被损坏或者是被盗用,造成信息的丢失与破坏,一些废弃的存储介质中也会存有一定的信息,应该妥善处理。

（二）对系统的攻击范围

1. 被动攻击

被动攻击是指通过观察网络线路上的信息，而不干扰信息的正常流动，如被动地搭线窃听或非授权地阅读信息。

2. 主动攻击

主动攻击是指对传输中的信息或存储的信息进行各种非法处理，有选择地更改、插入、延迟、删除或复制这些信息。

3. 被动攻击和主动攻击的具体类型

根据国际化的标准对计算机网络所面临的威胁进行定义，实质上就是指对计算机网络安全的潜在破坏。每一个计算机系统都存在遭受威胁的情况，只有清楚计算机系统会遭受哪些威胁，才可以进行有针对性的预防。

总体来说，计算机网络所面临的威胁可以分为两种：主动威胁与被动威胁。主动威胁就是威胁者对计算机网络信息进行修改、删除、破坏等非法操作，被动威胁就是使用非法手段获取信息，但是不进行修改。确定威胁的类型之后，可以从以下三个方面进行分析。

①脆弱性分析。

②威胁估计。

③危险分析。

破坏系统安全主要四种类型。

（1）中断

中断是指威胁源使系统的资源受损或不能使用，从而使数据的流动或服务的提供中止。

（2）窃取

窃取意味着某个威胁源成功地获取了一个资源的访问，从而成功地盗窃有用的数据或服务。

（3）更改

更改是指没有经过允许与授权的某个威胁源，成功地访问并更改了相关资源，从而使系统所提供的服务与数据出现变动。

（4）伪造

伪造是指在系统中制造假的威胁源，形成虚假的数据或者提供虚假的服务。

4. 国际标准化组织对具体威胁的解释

① 伪装。
② 非法连接。
③ 非授权访问。
④ 信息泄漏。
⑤ 篡改或破坏数据。
⑥ 非法篡改。
⑦ 拒绝服务。
⑧ 改变信息流。
⑨ 推断或演绎信息。
⑩ 重放。

四、网络安全威胁的具体体现

① 人为的疏忽。人为的疏忽包括失误、失职、误操作等，这些可能是工作人员对安全的配置不当、不注意保密工作、密码选择不慎重等造成的。

② 人为的恶意攻击。人为的恶意攻击是对网络安全的最大威胁，这种攻击的破坏性特别强，会对计算机造成很强的威胁，导致计算机的相关数据泄露，如果是恶意攻击金融机构，很有可能造成金融机构的巨大经济损失，甚至是破产，也会给社会的稳定发展带来影响。不管是进行主动攻击还是被动攻击，都会给当事人带来一定的损失，进行攻击的人大多数是具有很高的专业技能和智商的人员，一般需要相当的专业知识才能破解。

③ 网络软件的漏洞。每一款网络软件都不是完美无缺的，都会存在一定的缺陷与漏洞，这就给攻击者提供了机会，一旦被攻击，其后果是不堪设想的。

④ 非授权访问。没有经过允许就越过权限，擅自使用网络或计算机资源，冒充工作人员进行违法操作和身份攻击，即便是合法用户没有得到授权进行相关操作也是不符合规定的。

⑤ 信息泄露或丢失。具有机密性的数据被有意识或者无意识地泄露、丢失而带来不必要的损失，这些一般发生在信息传递的过程中。

⑥ 破坏数据完整性。利用非法的手段，获得数据的使用，随意地删除、修改、发布相关信息，干扰用户的正常使用。

⑦ 利用计算机网络传播病毒。一般情况下，用户很难对病毒进行预防，这种威胁、破坏性比较大。

第三节 网络安全的体系结构

一、网络安全体系结构

（一）网络安全体系结构的概念

网络安全体系结构是在1989年由国际标准化组织提出的，它的出现为计算机网络的安全提供了一个相对完整的安全框架。网络安全防范是一项相对复杂的工程，现代网络问题层出不穷，为了进一步确保网络安全，要制订相关的安全策略，开发安全技术，加强安全管理，形成网络安全体系结构。

网络安全体系就是关于网络安全防范的最高层概念抽象，它由各种网络安全防范单元组成，各组成单元按照一定的规则关系，能够有机集成起来，共同实现网络安全目标。

（二）安全体系的机制

1. 与安全服务有关的安全机制

（1）加密机制

加密机制主要用于对存放的数据或者数据流中的信息进行加密，可以单方面使用，也可以与其他机制结合起来使用。加密算法可以分为单密钥加密算法与公开密钥加密算法。

（2）数字签名机制

数字签名是由信息签字过程与已经签字的信息进行证实的过程，是对信息进行签字的过程时使用私有密钥，是对已经签字的信息进行证实的过程时使用公开密钥。数字签名机制必须要签字且只能是签字者私有密钥信息。

（3）访问控制机制

访问控制机制是根据实体的身份与有关信息，确定最终的实体的访问权限。访问控制实体可以采用单一措施，也可以使用几种措施相结合的方法，主要有安全标签、口令等。

（4）数据完整性机制

在通信的过程中，发送方可以根据发送信息以外的信息，对其进行加密，然后与数据一起发送出去。在接收到信息之后会产生额外的信息，与接收到的额外信息进行比较，就可以分析出在发送的过程中，信息是否完整，是否被别人篡改，由此确保了数据的完整与安全。

（5）认证交换机制

认证交换机制用于同级之间的认证，既可以使用认证的信息进行确定，也可以使用实体所具有的相关特征进行确定。

（6）公证机制

公正机制是第三方参与数字签名机制。它的前提就是通信双方对第三方的绝对信任，否则就无法实现，这样就必须要有公证方，并且具备一定的数字签名与加密机制等。公证机制可以有效地预防收方伪造签字，或者是收方抵赖不承认接收信息。

2. 与安全管理有关的机制

（1）安全标签机制

信息中的资源有安全标签，用于显示在安全方面的保护程度，可以是隐藏式也可以是显露式，没有规定的限制，但是要在安全的前提下与相关的对象结合在一起。

（2）安全审核机制

安全审核机制是弄清楚与安全有关的事件，在进行审核之前要有与安全有关的信息记录与必要的设备，还有要对这些信息的处理与分析的能力。

（3）安全恢复机制

在发生破坏行为后，采用相关的措施或者是手段进行恢复，建立与正常安全状态相同的状态。安全恢复的活动周期有三种：立即、临时与长期。

二、网络安全体系结构的组成

网络安全工作需要在网络安全组织、安全策略、安全运行体系以及网络安全技术的共同运作之下才可以取得效果。

网络安全工作的前提是要有一定的工作人员承担安全工作，规定责任与义务，还要制订相关的安全策略，明确工作的顺序与内容，确定安全组织，制订安全目标，选择合适的方法与形式实现安全目标。在执行的时候要规范运作，将网络安全组织、策略、目标、技术等有机地结合起来，形成有效的网络安全体系结构，通过实际的运作，实现安全工作的最终目标。

将网络安全防范体系的层次划分为物理层安全、系统层安全、网络层安全和安全管理制度。

（一）物理层安全

物理层次的安全包括通信线路的安全、物理设备的安全、机房的安全等。物理层的安全主要体现在通信线路的可靠性（线路备份、网络管理软件、传输介质）、软硬件设备安全性（替换设备、拆卸设备、增加设备）、设备的备份、防灾害能力及防干扰能力、设备的运行环境（温度湿度、烟尘）、不间断电源保障等。

（二）系统层安全

系统层次的安全问题来自网络内使用的操作系统的安全。主要表现在三方面：一是操作系统本身的缺陷带来的不安全因素，主要包括身份认证、访问控制、系统漏洞等；二是对操作系统的安全配置问题；三是恶意代码对操作系统的威胁。为了安全级别的标准化，美国国防部技术标准将操作系统的安全等级由低到高分成了 D、C1、C2、B1、B2、B3、A1 四类七个级别。这些标准发表在一系列的标准文献中，因为每本书的封面颜色不同，人们通常称之为"彩虹系列"。其中最重要的是橘皮书，它定义了上述一系列标准。

（三）网络层安全

①路由系统的安全。
②网络设施防病毒。
③网络资源访问控制。
④数据传输的完整性。
⑤数据传输的保密。
⑥身份认证。

（四）安全管理制度

安全管理制度会对整个网络安全的运行与发展有着重要的影响，明确安全管理制度，对相关部门的责任进行规范与划分，使负责网络安全的工作人员可以各司其职，这样就可以有效地减少不同层次的安全漏洞。

三、网络安全体系模型

在当今的网络环境中，确保信息的安全是十分有必要的，对于信息提供必要的安全机制与服务是合情合理的。信息的安全传输要确保对发送信息的安全转换，可以采用信息加密，可以附加一些便于确认身份的信息验证，还要确保接、收双方可以共享具有机密性的信息，除去双方都信任的第三方，机密信息对其他用户是保密的，不能共享。

上面提到的第三方，是为了确保信息的传输，第三方的主要责任是实现信息的传输，这种信息就是具有机密性的信息，如果双方出现争议，那么可以进行调节与仲裁。安全的网络通信需要考虑以下几方面的内容。

①使用信息转换的算法。
②秘密信息获取安全服务的协议。
③秘密信息的共享。
④信息转换的规则。

（一）OSI 安全体系结构

国际标准化组织（ISO）在进行深入地研究后，提出了开放式系统互联（OSI）安全体系结构，这种安全体系被我国所采纳。我国以 OSI 为基础，提出了安全服务、安全管理等概念。

（二）P2DR 安全模型

1. 策略

不管是构建哪种类型的网络安全系统，都需要对网络信息安全等级有一个清楚的认知，评估网络安全风险。在这其中需要制定网络安全策略。策略体系的建立需要制定安全策略、评估安全策略、执行安全策略、反馈安全策略等。

一般来讲，网络安全策略是由总体的安全策略与具体的安全规则构成的。分析网络安全的风险，从而制定安全策略，明确有哪些资源要受到重点保护，从哪些方面进行保护。

安全策略是该模型的核心，相关的措施都是围绕安全策略进行的。总体的安全策略作为网络安全的指导思想与指导方针，具体的安全规则就是在总体安全策略的基础上提出的具体可以实施的规则，也就是哪些活动是值得肯定的，那些活动是不被允许的。

安全策略是安全管理的核心所在，推动网络安全的运作，就要制定网络系统安全策略，包括后续的防护、检测与响应都是在安全策略的范围内进行的，网络系统安全策略为安全管理提供必要的支持与方向。

2. 防护

计算机网络系统中可能出现的安全问题，有针对性地采取一些预防措施，经常使用的是主动防护技术与被动防护技术。主动防护技术有身份验证与访问控制等，被动防护技术有数据备份与物理安全等。

防护是该模型中的关键部分，利用防护可以减少绝大多数的入侵事件。防护主要分为三种类型。

第一，信息安全防护。信息安全防护是指保持数据本身的完整性与保密性，数据加密就是对数据信息的安全防护。

第二，系统防护。系统防护是指对不同的操作系统的安全配置与使用或者打补丁，不同的操作系统有不同的防护措施与安全工具，并不是统一的。

第三，网络安全防护。网络安全防护是指网络传输的安全与网络管理的安全。

3. 检测

攻击者如果进入防护系统，检测系统就检测出来，确定入侵者的身份以及系统损失。防护系统可以做到对一般的入侵事件的防护，但是不能保证对所有的入侵事件都可以进行阻止，对于一些新兴的入侵手段与方式，可能不能及时地进行反应。

一旦出现入侵事件，要立即启动检测系统进行检测。检测与防护是两种概念。防护用于修补系统的不足与缺陷，确保网络系统的安全性，进而避免攻击的发生。一般入侵者都是根据网络与系统的缺陷进行攻击的。在模型中，防护与检测相辅相成的，防护如果做得好，就会减少检测的工作。

4. 响应

系统检测出入侵，响应系统就会开始工作，对事件进行处理。在模型中，响应就是检测出入侵事件后，进行事件处理。相应工作可以不由指定的小组或者部门完成，由于机构存在差异，不同的机构在处理响应的时候，有不同的紧急响应小组。但是总体来讲，不管是哪种小组，都会采用紧急响应与恢复处理。在安全事件发生之后，采取措施，将系统恢复到比原来更加安全的状态。

紧急响应在安全系统中也具有重要的意义，紧急响应是消除潜在的安全威胁的最佳途径。也可以这样说，安全问题就是处理紧急响应与异常问题。想要解决紧急响应，就要做好准备工作，制订相关的方案，尤其是要做好恢复工作。

系统恢复就是指修补漏洞与消除后门，避免黑客的再次侵入。信息恢复就是将丢失的数据恢复到原状。丢失数据的原因可能是人为因素，也可能是系统故障与自然灾害。

P2DR 安全模型也并不是完美的，也存在缺点，其最大的缺点就是忽视了内在的变化因素。例如，人员的素质参差不齐，再加上人员具有流动性，就会影响模型的发展。从本质上讲，安全问题并不是只涉及一个方面的内容，而是涉及多方面的内容的。系统本身的抵御能力强，会减少不安全事件发生的可能性，优化网络系统与结构，提升在系统中的工作人员的素质。

（三）信息保障技术框架

信息保障技术框架（IATF）是美国的国家安全局组织专家编写的，不仅是有信息保障的安全需求，还是一个比较全面的、用于信息安全保障体系的框架。

IATF 第一次提出了信息保障需要通过人、操作、技术来共同实现组织职能与业务运作的思想。在现实的信息安全工作中，人们开始认识到只有将技术、管理、运作、维修等多个方面的要素有机地结合在一起，才可以发挥出安全保障体系的作用。

该信息保障技术框架定义了主要的技术层面。只有在技术层面上对网络基础设施进行保护，才可以形成对计算机网络环境的深层保护。

（四）网络信息安全框架

信息系统安全体系结构框架是国家"安全等级保护"制度技术体系的重要组成部分。在信息系统规划、设计和评估等一系列重要环节上都需要一个安全体系框架来提供指导，在信息安全的诸多问题中，如何了解信息安全基本理论和技术，把握信息网络系统安全技术体系结构，掌握信息系统安全保密系统建设的基本思想和步骤，是人们普遍关注的问题。

1. 安全特性

安全特性就是指在安全单元中可以解决的安全威胁。信息安全的特性主要是指认证安全性、完整性、保密性以及可用性。下面针对认证安全性、完整性、保密性进行详细介绍。

认证安全性就是利用特定的验证技术与方法，避免出现无权访问某些资源的实体使用不正当手段对网络进行访问。

完整性是指在信息的传输与存储过程中，不会被没有经过授权的实体修改、删除、重发等，信息的内容保持不变。

保密性是指保护信息在储存信息与传输信息的过程中，不被没有得到授权的实体识别。

2. 系统单元

系统单元就是指安全单元解决系统环境的安全问题。针对当今的网络来讲，系统单元主要内容包括以下几个方面。

①管理单元。管理单元是指网络管理系统对网络资源进行安全管理。

②网络单元。网络单元也就是网络传输，主要用于解决网络协议造成的网络传输安全问题。

③系统单元。系统单元一般是指数据与资源存储的安全问题，包括安全单元解决端和中间系统的操作的安全问题。

④应用单元。应用单元指应用程序，包括该特征的安全单元，以及解决应用程序所包含的安全问题。

第四章 物理安全

计算机的安全问题受到了社会各界的广泛关注，物理安全也不容忽视。本章以物理安全为题，从物理安全概述、环境安全、供电系统安全以及设备安全四方面进行详细的论述，主要包括物理安全的定义、物理安全的威胁、环境安全的简介、静电的防护、核心数据备份等方面的内容。

第一节 物理安全概述

一、物理安全的定义

物理安全就是保护计算机设备与设施避免遭受自然灾害、人为破坏、有毒气体以及其他环境事故破坏的措施与过程。

物理安全技术主要针对计算机以及网络系统的设备、设施以及环境等采取的安全技术。物理安全技术实现了对计算机的保护，避免出现因自然灾害、人为破坏以及其他不利因素对其造成的损坏。

影响计算机网络物理安全的因素主要有：计算机网络自身存在的脆弱性、各种自然灾害引起的安全问题、人为操作不当引起的计算机网络安全问题。

物理安全应该建立在一个具有层次的防御模型上，即多个物理安全控制器应在一个层次结构中同时起作用。如果某一层被打破了，那么其他层还可以保证物理设备的安全。层次保护次序应该从外到内实现。例如，最外边有一道栅栏，然后是墙、钥匙卡、门卫、入侵检测和配锁机箱的计算机。这一系列层次会保护放在最里边的资产的安全。假如一个坏人已经爬过你的栅栏，并躲过了你的门卫，剩下的层次仍然能阻止他拿到你宝贵的资产。

物理安全的实现要通过适当的设备构建：火灾和水灾破坏的防范，适当的供暖、通风和空调控制，防盗机制，入侵检测系统和一些不断坚持和加强的安全操作程序。实现这种安全的因素包括良好的、物理的、技术的和管理上的控制机制。

所谓"安全",包括保护人和硬件。通过提供一个安全的和可以预见的工作环境,安全机制应该能够提高工作效率。它使得员工能够专注于自己手头的工作,那些破坏者也将因为犯罪风险的增大而转向更加容易的目标。无论如何这是我们的希望所在。

与计算机和信息安全相比,物理安全要考虑不同系统的脆弱性方面的问题。这些脆弱性与物理上的破坏、入侵、环境因素,或是员工错误地运用了他们的特权并对数据或系统造成了意外的破坏等方面有关。当安全专家谈到"计算机"安全的时候,说的是一个人如何能够通过一个端口或者是调制解调器以一种未经授权的方式进入一个计算机网络环境。当谈到"物理"安全的时候,他们考虑的是一个人如何能够物理上进入一个计算机网络环境以及环境因素是如何影响系统的。换个方式说,就是什么类型的入侵检测系统对特定的物理设备最为有利。

二、物理安全的威胁

物理安全所面临的主要威胁有盗窃、服务中断、物理损坏、对系统完整性的损害,以及未经授权的信息泄露等方面。

物理上的偷盗通常造成计算机或者其他设备的失窃。替换这些被盗设备的费用再加上恢复损失的数据的费用,就决定了失窃所带来的真实损失。在许多时候,企业只会准备一份硬件的清单,它们的价值被加入风险分析中去,以决定如果这个设备被偷盗或是损坏,将带来巨大的损失。然而,这些设备中保留的信息可能比设备本身更有价值,因此,为了得到一个更加实际和公正的评估,合适的恢复机制和步骤也需要被包括到风险分析当中去。

服务中断包括计算机服务的中断、电力和水源供应的中断,以及无线电通信的中断。这些情况都必须被考虑到,并且必须提供相应的应急措施。例如,在加州的电力资源和供应都十分紧张的时候,许多公司都经历过电力的管制,这对它们来说无疑是一场梦魇。这些因素带来了在业务活动持续性和灾难恢复计划方面的一系列问题,同时也带来了物理安全方面所需考虑的问题。设想一个计算机网络失去了电力的供应,那么它们的电子安全系统和计算机控制的入侵检测系统都将不起作用,这使得一个入侵者能够轻松地进入原本不允许他进入的地方。因此备用的发电机或者是一套备用的安全机制都应该被考虑到,而且应该为其准备适当的经费。

根据对通信服务的依赖程度及可能需要备份的措施来保证冗余性,或者是在适当的时候激活备用的通信电路。如果一家公司为一个大的软件制造商提供呼叫中心，那么如果它们的电话通信会突然地中断一段时间，软件制造商的收益就会受到影响。股票经纪人需要通过内部网络和电话线与许多其他机构保持联系，如果一个股票经纪人公司丧失了通信能力，他们和他们的客户的利益都会受到严重影响。其他的公司可能对通信没有这样大的依赖性，但是我们仍然需要评估它的风险，做出明智的决定，并且需要有替换的装置。

计算机服务的中断主要是备份和冗余磁盘阵列（RAID）保护机制。物理安全更加注重于为计算机网络本身及它们所在环境提供安全保护。物理损害带来的损失的大小取决于维修或更换设备、恢复数据的费用以及造成的服务中断所带来的损失。

物理安全对策同样也对未经授权的信息泄露及系统可用性和完整性提供保护。未经授权的个人有许多方法可以得到信息：网络通信的内容能够被监视，电子信号能够从空间的无线电波中析取出来，计算机硬件和媒质可能被偷盗和修改，在以上所说的这些类型的安全隐患和风险中，物理安全都扮演着重要的角色。

三、物理安全的内容

物理安全有环境安全、电源系统安全、设备安全和通信线路安全等。物理安全包括以下主要内容。

①网络机房的场地、环境及各种因素对计算机设备的影响。
②网络机房的安全技术要求。
③计算机的实体访问控制。
④网络设备及场地的防火与防水。
⑤网络设备的静电防护。
⑥计算机设备及软件、数据和线路的防盗防破坏措施。
⑦重要信息的磁介质的处理、存储和处理手续的有关问题。

第二节　环境安全

一、环境安全简述

必须保护的环境包括所有的人员、设备、数据、通信设施、电力供应设施和电缆。而必要的保护级别则取决于这些设备中的数据、计算机设备和网络设备的价值。这些东西的价值可以用一种叫"关键路径分析"的方法得到。在这种方法中，基础设施中的每一项及保持这些设施得以正常工作的项目都被列出来，这项分析同时也勾画出数据在网络中传输时通过的路径。数据可能从远程用户传送到服务器，从服务器传送到工作站，从工作站传送到大型机，或是从大型机传送到大型机，等等。对这些路径及可能造成其中断的威胁的了解有着十分重要的意义。

关键路径分析需要列举出环境中所有的元素及它们之间的相互作用和相互依赖关系。我们需要用图来表示设备、它们的位置以及和整个设施的关联。这种图应该包括电力、数据、供水和下水道管线。为了提供一个完整的描述和便于理解，空调器、发电机和暴雨排水沟有时也应该包括在关键路径图中。

关键路径被定义为对业务功能起关键作用的路径。它应该被详细地显示出来，包括其中的所有支持机制。冗余的路径也应该被显示出来，而且对每一条关键路径，都至少有一条冗余路径与之对应。

在过去，计算机房中配备专人进行适当的操作和维护通常是十分必要的。现在，计算机房中的服务器、路由器、桥接器、主机和其他设备都是被远程控制的，这样计算机就可以放在不被许多人打扰的地方。因为不再有员工长时间地坐在计算机房中工作，这些房间的建造就应该更多地考虑到如何适合设备的运转而不是人的工作。

二、网络机房

（一）网络机房的作用

网络机房通常不必为人提供操作的方便和舒适，它们变得越来越小，可能也不再需要安装昂贵的灭火系统。在过去，灭火系统是计算机房内员工的保护工作的常用方式，这样的系统的安装和维护费用都很高。当然灭火系统还是需要的，但是由于这些区域内人的生命不再是考虑的主要因素，于是可以使用其他类型的灭火系统。为了节省空间，小一些的系统应该被垂直堆叠，它们应该安放在架子上，或者放置在设备柜中。配线应该紧密围绕设备进行，这样可以节省电缆的成本并且不容易引起混淆。

这些区域的位置应该在建筑物的核心区域，并靠近配线中心。保证只有一个进入的通道是十分必要的，还要保证没有直接进入其他非安全区域的通道。从一些公共的区域，如楼梯、走廊和休息室不能进入这些安全区域。这样就可以保证，当一个人站在通向安全区域的门前的时候，和他站在通向休息室或者一些聊天或喝咖啡的地方的路上的时候有着明显不同的感受。

需要估计和计算网络机房的墙壁、地板、天花板的负载（也就是它们能够承载的重量），以保证在不同的情况下这座建筑物都不会倒塌。这些墙壁、天花板和地板一定要包含有必要的材料，以提供必要的防火级别。有时候对水的防护也一样重要。

根据窗户的布置和建筑内容纳的东西，内部和外部的窗户可能需要提供对紫外线的防护，也可能需要窗户是防碎的，或是半透明或不透明的。内部和外部的门可能需要开关是单向的、防止强行进入，需要有紧急出口和标志。

根据布置，可能还需要监视和附加的报警装置。在大多数建筑中，使用加高的地板来隐藏电线和管线，这种地板必须被电气接地，因为它们被提高了。

建筑规范能够调整以上的所有因素并使之达到要求，但是每一项中仍然有一定的选择余地，正确的选择应该能够完全满足公司安全方面的机能，同时是经济的。

（二）网络机房的安全设置

当设计和建造网络机房时，以下的几条从物理安全的角度来看是比较重要的。

1. 墙壁

①阻燃材料（木材、钢材、混凝土）。
②防火级别。
③特殊安全区域的加强。

2. 门

①阻燃材料（木材，压制板材、铝制的）。
②防火级别。
③对强行进入的抵抗性。
④紧急标志。
⑤位置布置。
⑥警报装置。
⑦安全铰链。
⑧单向开关。
⑨当停电时，为了员工能够安全离开，电子门锁应该能恢复到无效状态。
⑩玻璃的种类。如果有必要，它们可能是需要防碎或防弹的。

3. 天花板

①阻燃材料（木材、钢材、混凝土）。

②防火级别。

③负重的承受程度。

④考虑到天花板落下的意外情况。

4. 窗户

①半透明或者不透明。

②报警装置。

③位置的布置。

④可接近性（入侵者是否能够打碎玻璃进入建筑）。

5. 地板

①阻燃材料（木材、钢材、混凝土）。

②防火级别。

③提高的地板（电气接地问题）。

④绝缘的表面和材料。

6. 供暖、通风和空调

①正的气压。

②受保护的通风口入口。

③专用的电力管线。

④紧急状态下自动关闭的阀门和开关。

⑤位置的布置。

7. 电力供应

①备用和轮换的电力供应。

②清洁、稳定的电力资源。

③特需的区域使用专用的馈电线。

④位置的布置，对分布的面板和断路开关的控制。

8. 供水和天然气管线

①管道阀门。

②正向流动（例如，管道内的物质应该流出该建筑而不是流入）。

9. 火灾的检测和排除

①传感器和探测器的放置。

②喷水装置的放置。

③喷水装置和探测装置的类型选择。

④在建造建筑物的计划阶段需要安全专家的参与，在建造安全的建筑物和环境时，上面列出的几条都必须落实。

三、火灾的预防和扑救

在火灾的预防方面，我们需要训练员工在遇到火灾时能够做出适当的反应，提供正确的灭火器具并保证它们能够正常工作，确保附近有容易得到的水源，以适当的方式存放易燃易爆的物品。

火灾探测系统有许多种形式。我们可以在许多建筑物的墙上看到红色的手动推拉报警装置。自动的探测装置有传感器，在探测到火灾的时候会做出反应。这种自动系统可能是一个自动喷淋系统或者是一个哈龙释放系统。自动喷淋系统被广泛使用，在保护建筑物和里面的设施方面很有效果。在决定安装哪种灭火系统时，需要对许多因素做出评估，包括对火灾可能发生率的估计和对火灾可能造成的损失的估计。另外，应对系统的类型本身做出评估。

对于火灾平时要加强防范，尽量消除火灾隐患。如果真的发生火灾，要保持冷静、积极扑救，在火灾结束之后及时止损。

（一）火灾的预防

①机房的选址与设计施工要按照规定的消防要求进行。在竣工后，要按照公安消防机构的标准进行验收。

②建立消防安全责任制。参照国家的消防安全制度，确定防火安全责任制，使消防责任落实到个人。积极进行消防宣传教育，定期举行消防安全演练，定期进行火灾隐患排查，配备国家规定的消防器材与设施，设置消防安全标志。保障相关设施的完整与正常使用，确保安全通道的通畅。

③机房严禁烟火。明令禁止在机房吸烟，也不能进行具有火灾危险的活动，更不能在机房使用电炉取暖。严格遵守消防安全操作规章制度。

④网络电气设备质量与配电安全、电器产品的安装与使用都必须与国家标准及消防安全技术规定相符合。

（二）火灾的扑救

第一，根据火灾的实际情况冷静分析，如果火势不大，可以立即切断电源，如果火势大，应该及时撤离，并报警。

第二，使用手提式干粉灭火器或者是"1211"灭火器扑灭电气火灾，切记不能使用水或者泡沫灭火器。

第三，积极抢救设备器材。

第四，火灾扑灭之后，应该保护好现场，配合调查。

四、水患的防范

为了预防因为漏雨或者是漏水而出现对计算机的设备的损坏，避免将机房设置在底层或者是顶层，一般在2、3楼为最佳。

在雨季来临之前做好准备，对机房的门窗进行检查，确保门窗的质量，避免出现漏水现象。

为了预防因为自然灾害造成重要数据的丢失与损坏，可以进行数据库的备份，还可以分开存储。数据库的备份应该与数据库具有同样的保密环境。

五、通风

空气通风方面必须达到以下要求才能够提供一个安全而舒适的环境：为了保证空气的质量，必须安装一个环路空气再循环调节系统。"环路"意味着建筑物内的空气在适当过滤后被重新利用，而不是引入外界的空气。为了控制污染，必须采用正向的加压和通风措施。正向加压的意思就是说，当员工打开房间的门的时候，空气从里面流向外面，而外面的空气不能够进入。设想如果一处建筑失火，在人们疏散的时候显然希望烟能够向门外扩散而不是向门里扩散。

我们需要了解污染物是如何进入环境中来的和它们可能造成的损害，以及保证设备免受危险物质或超标污染物损害的应对措施。通过空气传播的物质及颗粒物的浓度必须被跟踪监视，以防止它们的浓度太高。灰尘可能会阻塞用来冷却设备的电扇，这样就会影响设备的正常工作。如果空气中含有的某种气体的浓度超过一定水平，就会加速设备的腐蚀，或是给它们的运转带来问题，甚至是使一些电子器件停止运行。尽管大多数的磁盘驱动器都是密封的，但是其他的一些存储介质还是会受到空气中污染物的影响。空气清洁设备和通风装置可以用来处理这些问题。

第三节　供电系统安全

一、静电的防护

（一）静电对网络设备的影响

计算机房的防静电技术是机房安全防护的重要组成部分。由于主观原因，或者是客观原因，产生静电是不可避免的，也是最不容易消除的危害之一。静电会影响计算机系统的正常运行，也会使某些元器件出现问题。静电还会影响操作人员与维护人员的身心健康。

如今的计算机已经涉及各个领域，不同领域都与国民经济的发展息息相关，一旦计算机出现了故障，也会给国民经济带来巨大的损失。

因为静电引起的问题很难被维修人员查出，这样就会影响正常工作，造成工作的困扰。还有就是静电通过人体对计算机或者是其他设备放电的过程中，当积累到一定的程度，就会使人有一种触电的感觉，给工作人员与维修人员带来心理上的压迫，严重影响工作效率。预防静电的危害，不仅仅是计算机网络系统的事情，还与计算机的环境设计存在很大的关系。

静电对计算机的主要影响集中在对半导体器件的影响上。半导体器件对静电十分敏感，伴随着计算机技术的发展，组成计算机的主要元件也得到了快速的发展。半导体器件的高速发展使得电子计算机的发展朝着高密度、高速度的方向迈进。也正是因为如此，半导体器件对静电的反应也就越来越敏感。

静电对电子计算机危害主要体现在两方面：一是对元件的损害；二是引起计算机运算错误。

在使用与维修计算机的过程中也需要注意静电的影响。静电会引起计算机的逻辑元件输入错误，引起计算机系统紊乱；静电还会对计算机的外部设备带来影响，破坏计算机的图像的效果；静电还会造成网卡等不良现象。

（二）静电危害的防护措施

在设计计算机的机房之前，首先要分析静电对计算机的危害，针对产生静电的原因，制定相关的措施。主要的防护静电措施有以下几点。

①不穿着引起静电的衣物。机房工作人员的衣物不能选择含有化学纤维或者是容易产生摩擦的材料制成的衣物，即便是穿着了这种衣物，应该在隔离区

将其脱下。如果有领导来参观，应该在外面进行参观比较合适，既符合礼仪规定，又可以防止静电。

②工作人员在工作的过程中佩戴防静电手环。这样做不仅仅是为了防止静电，还是为了个人的身心健康，因为防静电手环可以有效地减少静电的危害。与工作无关的人员应该严禁入场。

（三）计算机静电故障的特点

第一，机房环境的选材以及周边使用的家具，甚至是工作人员的衣着都会对静电产生影响。

第二，静电故障主要集中在春季、冬季，一般这样的季节比较干燥。

第三，静电引起的故障都是随机性故障，因此很难在短时间寻求到具体的原因，也就没有办法及时地提出解决的办法。

第四，静电影响电子计算机正常运行的情况，基本上都是由于人体与计算机的相关设备正在接触。

二、电源保护措施

有三种主要的方法来防范电源可能出现的问题：不间断电源（UPS）和备用电源。

①UPS 使用电池来供电，电池的大小和容量不等。UPS 分为在线和离线两种。在线系统使用交流线电压来为 UPS 的电池组充电，在使用时，UPS 用一个逆变器将电池的直流输出转变为交流，并将电压调整为计算机工作时所需要的大小。离线 UPS 在正常情况下不工作，直到电源被切断。这种系统拥有可以探测到断电的传感器，当传感器探测到断电时，负载就自动切换为由电池供电。

②如果电力供应中断的时间超过了 UPS 电源的持续时间，就需要备用电源了。备用电源可以是从另一个变电站或另一个发电机接过来的电力线，用来为系统供电或是为 UPS 的电池系统充电。有一些关键的系统需要免受电力供应中断的干扰，需要将这些设备挑选出来，并且应该弄清楚备用电源需要坚持多长时间及每个设备需要的电量。一些 UPS 提供的电量仅够系统完成一些后续工作，然后正常的关闭，有的 UPS 提供的电量够系统继续运行很长一段时间。需要确定在停电的时候，UPS 系统是应该为系统适当关闭提供电源，还是应该使系统继续运行以提供一些必需的服务。

三、防范雷击

每年因为雷击遭受损失的电子设备不计其数,雷电不仅会对电子计算机系统以及设备造成破坏,还会影响通信,给人民群众带来经济或是名誉上的损失。

(一)雷击防范的基本原则

防雷保护是由外到内设置多级保护区,最外层是危险性最高的区域,越往里危险程度就越低。保护区的划分是依靠防雷系统与金属管道等构成的屏蔽层构成的,从最外面到最里面,实行多级保护,将电压确定为设备可以接受的水平。

防雷的原则就是将大部分的雷电流直接引导至外部保护上,防止沿电源线或数据信号线引入的电压波,限制保护设备上的过电压保护,这些保护原则是相辅相成的,不能只是依靠一种保护方式。

随着计算机通信设备的大规模应用,雷电对计算机的危害也越来越严重,以往的防护体系也需要与时俱进,不断满足计算机通信的网络安全需求,转变原来简单的一维防护为三维防护,考虑多方面的需求。

(二)雷击防范的主要措施

1. 外部无源保护

外部无缘保护主要是指使用避雷针以及接地装置进行保护。避雷针应该选择提前放电的防雷装置,还要设置不同的角度进行安装,做到对不同类型的雷电有针对性的防护,确保保护范围。在雷电天气中,在避雷针的顶部,引导雷电向避雷针放电,再通过接地引下线和接地装置将雷电的电流引入大地,进而实现对保护物的保护。

2. 内部防护

(1)信号部分保护

对于信息系统可以分为两种保护:一种是精细保护,另一种是粗保护。精细保护是根据电子设备的敏感度进行确定的,粗保护是根据所属保护区的级别进行确定的。

如果有条件,可以对所有的信息系统进入楼宇的电缆内心线段进行加装避雷器,电缆中的空线对应接地,还要做屏蔽接地,确保系统可以进行正常的工作。

(2)接地处理

在任何的计算机机房中,必须要确保有一个良好的接地系统。接地系统是确保将雷电的电流泄入大地,确保人员安全与机电设备安全的重要前提。接地系统的质量直接关系到设备的安全与人员的安全。如果机房的接地系统做得好，那么不仅不会出现设备故障，还可以确保人员的生命安全。除此之外，还要做好防静电的工作，防静电也需要有良好的接地系统。一般建筑物的接地系统由以下几方面构成。

①电源地。

②逻辑地。

③防雷地。

④建筑物地网。

各地必须独立，否则很容易引起地电反击事故。各地的距离必须符合相关规定，根据现实的实际情况，实现等电位联结。为了确保接地系统可以进行正常的工作，应该定期进行检修。

四、防范鼠类的危害

（一）鼠类对网络的危害

①破坏纸质文档与图纸。

②破坏双绞线电缆或光纤尾线，造成连接故障。

③破坏电源线的绝缘层，形成短路，影响正常工作，造成经济损失，甚至会引起火灾。

（二）控制鼠类密度的方法

①保护自然环境、维持生态平衡、禁止捕杀鼠类的天敌、保持良好的卫生环境、及时处理生活垃圾。

②禁止使用含有剧毒的灭鼠药，以免产生不好的副作用，造成环境污染。可以使用含毒量小的灭鼠药。

（三）网络设备防鼠的措施

在经费和条件允许的情况下，避免在鼠害严重的地区埋设非铠装的光缆或电缆。光缆和电缆宜用鼠类咬不破的铠装产品，或者改为凌空架设。

室外的光缆交接箱宜采用不饱和聚酯玻璃纤维增强材料（SMC）且内衬钢网的 KRONE 箱体，密封或严密出线孔道，避免鼠类钻入箱内破坏光缆。

第四节　设备安全

一、设备备份

为了计算机网络免受破坏性活动带来的后果，需要采用一些保护性的措施。在很多时候这些保护性的措施都要使用一些安全组件，而这些组件已经是环境的一部分了，这样就不需要增加额外的预算，而且也不会浪费已有的投资。这些措施包括：备份关键的数据；对那些已经是操作系统和硬件一部分的安全组件进行配置，而不是另外去购买相同功能的部分；对员工活动进行监控；对网络进行物理上和逻辑上的分离；让安全保卫人员在部门之间四处活动而不是停留在一处。这些措施会为公司提供多一层的安全保护，并不会增加额外的开销。

如果有一项安全保护机制只需要很低的成本就能够带来实质性的收益，那么就应该将它付诸实施。锁是便宜的防范工具，却能够使设备和其中的容纳物免受盗窃和破坏。给外面的门装上链条可以使那些潜在的抢劫者转向其他目标。一间里面并没有保安人员的保安房间会使那些想外出闲逛、破坏财产或者是想在厂房或设施上乱涂乱画的人望而却步。维护这些安全机制的成本微乎其微，但是它们带来的收益却是很大的，因此，我们应该将它们付诸实施。

许多网络机房在遭遇紧急情况之后会使用一个备用的地点来进行恢复工作，因为不太可能两个地方遭遇同样的灾难。这样看起来，这个方法是比较谨慎的。这两个地方离得越远，安全的因素也就越大，但是两个地点之间人员、器材和数据的运输成本也就越高。如果必须使用备用地点，那么需要一笔初始的成本来将其投入运行并将合适的人员调度到合适的地方去。然而可以想象这样一种情况，如果要去一个离本地 100 英里（约 161 千米）的备用地点完成一项工作，工作持续 1 个月，那么为员工提供生活区和交通费用就将是必须考虑的问题了。

尽管可能对严重的灾难事件无能为力，准备冗余硬件仍然可以应付一些小的紧急事件。例如，某个文件服务器为公司提供一项很重要的服务，这项服务需要一天 24 小时、一周 7 天不间断地提供，那么我们通常会为这台服务器维护一个镜像，或者采用 RAID 技术来保护这些数据。但是如果系统有物理的损伤，那么即使有了有用的数据也无济于事，因为没有一个正常的系统能够安装上这些数据。我们必须确定设备拥有硬件供应商最新的服务等级协议，以保证它们能够为我们提供必需的保护。如果一个硬件供应商承诺 3 天内能够修复故障，而仅仅 3 个小时的故障就会给公司的业务造成巨大的利润损失，那么我们说这是一个不符合实际的保护机制。

每个设备都有一个平均故障间隔时间（Mean Time Between Failure, MTBF）和一个平均修复时间（Mean Time To Repair, MTTR）。MTBF 用来估计一个设备的正常连续工作时间，或者说用来估计这个设备什么时候会出现故障。MTTR 用来估计修理所用的时间。这些估计值可以用来计算设备故障的风险，并用来评价设备的优劣。如果一个公司有一间机房中有 200 台服务器，而这个机房又依赖于一台制冷设备，那么为了防止设备故障带来的损失，应该备有一个或多个备用制冷设备，或者将一个网络部门的员工送去接受培训，使其能够快速地修复这个设备以保证一个较低的 MTTR 值。

使用冗余的硬件在设备故障或紧急情况时提供保护可能会比较昂贵，但是我们也要考虑到如果不采取这样的备用措施带来的后果及其所造成的损失。考虑以下一些因素的成本会有助于我们做出正确的决定：供应商的服务等级协议、所需要的冗余设备、MTTR 和 MTBF 值，同时应该考虑到我们对关键设备成本的期望值。

二、核心数据备份

数据备份看起来很麻烦，但是当网络瘫痪、数据丢失或损坏、用户和管理层怨声载道的时候，适当的备份要胜过安全防护措施。只有心存防备的想法，才能做好持续的和一致的备份工作，因为没有人能够预言什么时候会发生故障，以及故障将发生到什么程度。对安全中的许多其他问题而言，当恢复所花的费用超过保护措施的费用的时候，通常我们就应该采用保护措施了。

并不是所有的数据都需要备份，因此将关键的、重要的和具有普遍意义的数据鉴别出来是十分重要的。这就是一个建立不同类型数据、应用程序和程序代码的优先级别的过程。建立备份的优先级是很重要的，这样在紧急的情况下，高优先级的数据应该优先于其他数据而被还原。

那些使各个设备之间能够通信并从服务器中取得数据的程序，以及那些处理关键业务数据的程序是在线运行的，因此必须时刻保证它们的可靠性。适当地运用优先级将各种数据分级，能够使备份计划更加实际，保证关键的工作能够按时完成，同时所花的费用也是可以接受的。不仅仅是数据备份重要，为了创造一个平稳、成功运行的网络环境，硬件、电力供应和员工也是很重要的。

三、设备访问控制

从物理安全的角度来看，物理的和技术的设备都需要加强访问控制，访问控制为计算机和人提供保护。在一些情况下，物理访问控制和对人身生命的保护在客观上是相互矛盾的，在这样的情况下，人的生命应该得到优先考虑。许多物理安全控制措施使得进入一些设施即使不是不可能，也会很困难。但是，如果进入设施会影响生命安全的话，就需要采取特殊的防护措施。一个使那些入侵者不能进入的安全系统应该使正常工作人员在火灾或是类似的紧急情况下能够逃出。

物理访问控制措施使用一些方法来识别试图进入一定设施、地区和系统的人。它能够保证让获得允许的人进入，将那些未获得允许的人排除在外，并为这些活动维护一个审计记录。保证敏感区域安全性的最佳措施就是在那里安排人员看守，这样他们可以亲自调查那些可疑的行为。运用这种措施需要对他们进行训练，告诉他们什么样的活动是可疑的，以及如何报告这样的活动。

在制定适当的保护机制之前，需要仔细分析什么样的数据是敏感而需要保护的、什么样的人应该被允许进入什么区域、什么样的工作区和系统对公司的业务来说是关键的，以及数据流和工作流是如何在设施中流动的。这样就可以标识出访问控制的关键点，并可以将它们分为外部入口、主要入口和次要入口几类。这样员工从一个特定的入口进入和离开，运来的货物从另外一个入口进入，敏感区域需要着重保护。

四、电磁辐射防护

计算机网络系统工作的过程中会产生电磁辐射波，电磁辐射可以被相关设备接收，经过分析之后进行还原，最后造成信息泄露。外界的电磁辐射也会干扰计算机网络系统的正常工作，严重的话会造成网络系统瘫痪，因此有必要使用一系列的措施提高计算机网络系统的抗干扰能力，可以有效地抵御电磁干扰，降低计算机电磁辐射的危害。

电磁防护的措施分为两种：一种是辐射的防护，一种是对传导辐射的防护。根据具体的实际情况，选择合适的电磁防护措施。

提升电子设备的抗干扰能力，不仅要在芯片以及部件上做准备，还要采用屏蔽、接地、隔离等措施。屏蔽是最常用的措施，屏蔽可以有效地抑制电磁信息向外泄露，保护内部设备，使它们可以在相对恶劣的电磁环境下正常工作。电磁辐射的防护措施可以分为以下几方面。

第一，采用不同类型的电磁屏蔽措施。

第二，利用干扰源。在计算机系统以及网络设备工作的同时，利用干扰装置进行电磁辐射的防护。

第三，选用低辐射设备。

第四，采用微波吸收材料。

计算机网络将更多的安全责任交给了个人用户、网络部门的职员，这和以前使用大型机的情况不同。物理安全并不是只让一个夜警带着手电筒去巡逻就可以解决的问题，现在的安全问题包括各种形式，而且出现了许多有关责任和法律方面的问题。自然灾害、火灾、洪水、入侵者、故意破坏者、环境因素、建筑材料和电力供应是公司整个生命周期内都可能遇到的问题，要为此做好计划，以便能够在发生问题时做出适当的处理。

计算机网络安全中的物理安全是最不被重视的一部分，但是物理安全也不容忽视，重视物理安全，也就是重视计算机网络安全。

第五章　局域网安全

作为 Internet 的重要组成结点，局域网技术的发展非常迅速，在各行各业的经营和管理中发挥着无可替代的作用，已经成为现代机构中承载非物质资源的重要基础设施。局域网的安全问题不仅损害局域网及机构本身利益，也不可避免地对 Internet 产生了影响。本章分为局域网安全概述、网络监听与协议分析、虚拟局域网安全技术与应用、无线局域网安全技术四部分，主要包括局域网的特征、局域网的组成、局域网的安全特性、网络监听与协议分析、动态 VLAN 的配置、无线局域网的优点、无线网络的安全问题等方面的内容。

第一节　局域网安全概述

一、局域网的定义

局域网的定义有两种方式：一种是功能性定义，另一种是技术性定义。

局域网的功能性定义：在某一区域内由多台计算机互连在一起的计算机组，一般是方圆几千米以内。局域网可以实现文件管理、应用软件共享、打印机共享、工作组内的日程安排、电子邮件和传真通信服务等功能。局域网是封闭型的，可以由办公室内的两台计算机组成，也可以由一个公司内的上千台计算机组成。

局域网的技术性定义：由特定类型的传输媒体（如电缆、光缆和无线媒体）和网络适配器（亦称为网卡）互连在一起的计算机，并受网络操作系统监控的网络系统。

这两个定义分别强调了一个事物的不同方面：功能性定义强调的是局域网的外界行为和服务，技术性定义强调的则是构成局域网所需的物质基础和构成的方法。

二、局域网的特征

局域网具有以下特点。

①地理分布范围较小,可以是在一个办公室内、一幢大楼内、一个企业内、一个校园内。

②数据传输速率高,一般为 10—100 Mb/s。可交换各类数字和非数字(如语音、图像、视频等)信息。

③误码率低,一般在 10 以下。这是因为局域网通常采用短距离基带传输,可以使用高质量的传输媒体,从而提高了数据传输质量。

④以计算机为主体,包括终端及各种外设,网中一般不设中央主机系统。

⑤一般包含 OSI 参考模型中的低三层功能,即涉及通信子网的内容。

⑥协议简单、结构灵活、建网成本低、周期短、便于管理和扩充。

⑦可进行广播或多播(组播)。

三、局域网的组成

局域网通常都有一台网络服务器和若干工作站,它们之间通过网卡和网线连接起来,并运行相应的网络操作系统。

(一)网络服务器

网络服务器是网络的核心部分。局域网的操作系统就运行在服务器上,它负责网络的资源管理和通信工作,并响应网络工作站提出的请求,为网络用户提供服务。

一个局域网至少需要一台服务器,它的性能直接影响着整个局域网的效率,因而通常选用高档计算机或专用网络服务器来做服务器。所谓"高档计算机"指的是与一般计算机相比,CPU 运行速度相对较快、内存空间较大、硬盘空间也比较大,并且性能优越的微型计算机。

网络服务器通常都是文件服务器和打印服务器。由于服务器要处理来自所有工作站的请求(这些请求可能是访问服务器硬盘、申请打印服务,也可能是与其他设备进行通信),服务器对这些请求的接收、响应和处理需要花费时间,因此网络越大,用户越多,服务器的负荷就越大,对服务器的性能要求就越高。

(二)工作站

工作站是网络用户进行信息处理的个人计算机,它通过网卡和网线连接到服务器上，享用服务器提供的资源。工作站既能以单机的形式供用户使用，也可以向网络系统请求服务和访问资源，实现资源共享。

工作站通常都是普通的个人计算机，而且有时为了节约经费，有些工作站没有配置硬盘，称为"无盘工作站"。无盘工作站只能通过网络才能启动和运行程序。

（三）传输介质

传输介质（俗称"网线"）是网络中信息传输的媒体，是网络通信的硬件基础。传输介质的性能对传输速率、通信的距离和数据传输的可靠性等均有很大的影响。

在局域网中常用的传输介质有双绞线、同轴电缆和光纤等。在这三种传输介质中，双绞线被广泛应用于电话系统中，它的性能较差，但价格也比较低；同轴电缆在有线电视系统中经常采用，它的性能较好，价格适中；光纤则是最先进的通信线路，它的各项性能指标都非常好，但成本很高而且连接起来有一定的难度。

（四）网卡

网卡是计算机的一种接口卡，位于机箱内部。网络服务器和工作站都必须通过网卡与网线相连接。网卡是局域网中的通信控制器和通信处理模块，它具体负责网络数据的接收和发送工作。

（五）网络软件

局域网的运行，除了要有硬件设备，还必须要有网络软件。

网络软件通常包括网络操作系统、网络协议软件和通信软件等。其中，网络操作系统使计算机具备正常运行和连接上网的能力。网络协议软件使各台计算机能够使用统一的协议，而运用协议进行实际的通信工作则是由通信软件完成的。网络软件功能直接影响到网络的性能，因为网络中的资源共享、相互通信、访问控制和文件管理等功能都是通过网络软件实现的。

四、局域网的分类

对局域网进行分类经常采用以下方法。

（一）按拓扑结构分类

局域网经常采用总线型、环形、星形和混合型拓扑结构，因此可以把局域网分为总线型局域网、环形局域网、星形局域网和混合型局域网等类型。这种分类方法反映的是网络采用的哪种拓扑结构是最常用的分类方法。

（二）按传输介质分类

局域网上常用的传输介质有同轴电缆、双绞线、光缆等，因此可以把局域网分为同轴电缆局域网、双绞线局域网和光纤局域网。若采用无线电波、微波，则可以称为无线局域网。

（三）按访问传输介质的方法分类

传输介质提供了两台或多台计算机互连并进行信息传输的通道。在局域网上，经常是在一条传输介质上连有多台计算机，如总线型和环形局域网，大家共享使用一条传输介质，而一条传输介质在某一时间内只能被一台计算机所使用，在某一时刻到底谁能使用或访问传输介质，这就需要有一个共同遵守的方法或原则来控制、协调各计算机对传输介质的同时访问，这种方法就是协议或称为介质访问控制方法。

目前，在局域网中常用的传输介质访问方法有以太方法、令牌环方法、异步传输模式（ATM）方法等，因此可以把局域网分为以太网、令牌环网、ATM网等。

五、局域网安全特性

（一）数据容易被窃听和截取

局域网中采用广播方式。当局域网的一台主机发布消息时，在此局域网中任何一台机器都会收到这条消息，收到后检查其目的地址来决定是否接收该消息，不接收的话就自动丢弃，不向上层传递。

但是，当以太网卡的接收模式是混合型的时候，网卡就会接收所有消息，并把消息向上传递。因此，在某个广播域中可以侦听到所有的信息包，攻击者就可以对信息包进行分析，这样整个广播域的信息传递都会暴露在攻击者面前，数据信息也就很容易被在线窃听、篡改和伪造。

（二）IP地址欺骗

IP地址欺骗其实就是伪装他人的IP地址以达到攻击其他人的目的。局域网中的每一台主机都有一个IP地址作为其唯一标识，但是主机的IP地址是不定的，因此攻击者可以直接修改主机的 IP 地址来冒充某个可信结点的 IP 地址进行攻击。

（三）缺乏足够的安全策略

局域网上的许多配置扩大了访问权限，忽视了被攻击者滥用的可能性，使攻击者能从中获得有用信息进行恶意攻击。

（四）局域网配置的复杂性

局域网配置较为复杂，容易发生错误，从而被攻击者利用。局域网的安全可以通过建立合理的网络拓扑和合理配置网络设备而得到加强。例如，通过网桥和路由器将局域网划分成多个子网；通过交换机设置虚拟局域网，使得处于同一虚拟局域网内的主机才会处于同一广播域，这样就减少了数据被其他主机监听的可能性。

（五）计算机病毒的预防和消除

在局域网中，计算机直接面向用户，而且其操作系统也比较简单，与广域网相比更容易被病毒感染。大量的报告表明，目前计算机病毒大都是在 PC 上进行传播的。因此，对计算机病毒的预防和消除是非常重要的，解决的办法是制定相应的管理和预防措施，安装正版防病毒软件，提供及时升级支持；对使用的软件和闪存盘进行严格检查，并禁止在网上传输可执行文件。

六、局域网安全措施

根据局域网的实际情况，需要加强局域网各方面的安全技术，运用相关网络技术来保护网络信息安全。对于大规模局域网可以采取以下措施。

①规划网络，针对不同的用户划分不同的网段，并且在访问权限上进行严格的控制。

②定期对局域网重要网段进行扫描查找漏洞，对其进行修复，并在修复后生成报告，这也是一项重要的信息安全参考。

③建立 Windows 服务器更新服务（WSUS），主要为了能够及时堵住网络漏洞。

④要对无线和有线网络设置有效的安全认证机制，只有这样才能够为网络带来有效的接入认证服务。

⑤对局域网络采取行为管理机制，对有用的数据和信息进行提取，并且对其数据进行分析，掌握不良的网络信息。

⑥为了更好地发布和宣传网络信息安全，应建立网络安全门户网站。

⑦当局域网遭到危害时，为了防止丢失信息，应从配置、内容以及日志方面建立完整的备份体系。

⑧为了使局域网更加安全，要建立入侵检测系统以及预警机制。

⑨设置防火墙系统，能够更好地实现安全隔离，当一个区域出现问题时能够优先防止其传播到其他区域。

局域网通过上述措施能够形成一套可预防、可检测、能够后续恢复且有效的安全防护综合平台。

七、局域网安全管理

在我们实际的工作和生活中会存在许多安全隐患，这其中有很多安全隐患是因为管理工作不善才造成的，在局域网中重视安全管理工作才是保障信息安全的关键，"三分技术、七分管理"是我们常常听到的人们对于信息安全的评价，在这句话中我们能够了解到安全管理工作对于信息安全是多么的重要。

虽然有些网络技术能够解决局域网的安全问题，但是也不要忽视局域网的安全管理工作。安全技术虽然能够控制信息安全，但是安全技术要想发挥更大的作用，还需要安全管理工作的有效支持。只有将安全管理工作落实到位，网络信息安全才会得到保障。

为了网络能够可靠的运行，并且实现网络安全，在局域网中必须要有网络管理，信息安全管理是网络管理体系中必不可缺的一个重要环节，它的主要任务是针对网络特性进行有效管理。因此，为了局域网的安全必须要建立网络管理中心。安全管理要解决以下三方面的问题。

一是解决组织的问题，要建立信息安全组织结构，并且要明确相关责任。

二是解决制度的问题，要建立完善的安全管理制度体系。

三是要解决人员的问题，工作人员要加强安全意识，并且要定期进行教育和培训。

只有做到这些才能够保障网络信息的安全并解决网络中出现的问题。

第二节　网络监听与协议分析

一、协议分析软件

（一）概述

分析网络中传输数据包的最佳方式很大程度上取决于身边拥有什么设备。在网络技术发展的早期使用的是 Hub（集线器），只需将计算机网线连到一台集线器上即可。

协议分析的基本功能是能够捕捉并且分析网络的流量。例如，在网络运行时，网络的某一段运行报文发送很慢，但是却不知道具体问题出现在哪里，这时就能够采取协议分析做出具体的判断。

（二）基本用途

1. 数据包探嗅器的使用领域

①商业类型：此类型的探嗅器是用来维护网络的。
②地下类型：此类型的探嗅器是用来入侵他人计算机的。

2. 典型的数据包探嗅器程序的主要用途

①用于分析网络环境中的失效通信。
②探测网络中是否存在入侵者。
③将得到的数据包信息转换成方便辨读的格式。
④能够探测到网络环境中存在的通信瓶颈。
⑤能够在网络中提取有用的信息。
⑥能够记录网络通信，这主要是为了了解入侵者的入侵路径。

二、网络监听与数据分析

（一）Wireshark 常用功能与特性

1. Wireshark 的常用功能

①网络管理员能够运用 Wireshark 解决网络存在的问题。
②运用 Wireshark 可以帮助人们学习网络协议。
③网络安全工程师可以利用 Wireshark 检测网络安全问题，并且能够检测网络活动。

④网络开发人员可以利用Wireshark调试协议。

2. Wireshark的特性

①Wireshark可以利用多种方式查找数据包。

②Wireshark可以运用多种方式过滤数据包。

③Wireshark可以根据不同的过滤条件，用不同的颜色显示数据包。

④Wireshark支持Windows以及UNIX两大平台。

⑤Wireshark可以建立多种统计数据。

⑥Wireshark可以在网络接口中获得实时数据包。

⑦Wireshark可以储存或打开获取的数据包。

⑧Wireshark可以在捕获的程序中对数据包进行导入或导出。

（二）TCP/IP报文捕获与分析

TCP/IP报文捕获功能可以通过执行"Capture"菜单栏中的相关命令完成。一般首先执行"Interfaces"命令，选择网络接口，然后执行"Start"命令，开始捕获报文，执行"Stop"命令，停止捕获。

整个工作界面可分为以下四个区域。

1. 过滤、工具栏区

过滤、工具栏区主要包括工具栏及过滤交互框。工具栏提供常用工具按钮，以方便用户快速操作；过滤框提供各种过滤条件的设置与生效，以便实现针对性明确的捕获与分析。

2. 工作区

工作区主要显示捕获的报文基本信息，主要包括序号、时间、源地址、目的地址、协议类型、长度及有关信息。这一区域的信息反映了网络运行的过程状态，是发现兴趣点及问题的基础。

3. 报文的协议封装结构

这一区域反映了工作区选定报文的协议封装结构及相对应的具体数据，用于发现具体的信息和问题。

4. 状态行

状态行在整个工作页面中位于工作界面最下方，我们可以在页面的最下方了解到状态行。

第三节 虚拟局域网安全技术与应用

一、虚拟局域网概述

虚拟局域网（Virtual Local Area Network，VLAN）是为了解决以太网的广播问题和安全性而提出的一种协议，是一种将局域网内的设备逻辑地而不是物理地划分成一个网段，从而实现虚拟工作组的新兴技术。

通过使用 VLAN，能够把原来一个物理的局域网划分成很多个逻辑意义上的子网，而不必考虑具体的物理位置，每一个 VLAN 都可以对应于一个逻辑单位，如部门、机房等。由于在相同 VLAN 内的主机间传送的数据不会影响到其他 VLAN 上的主机，因此减少了数据交互的可能性，极大地增强了网络的安全性。按照 VLAN 在交换机上的实现方法，可以大致划分为以下几类。

（一）基于端口划分的 VLAN

这种划分方法是根据以太网交换机的端口来划分的，如何配置则由管理员决定。这种划分方法的优点是简单，只要将所有的端口都定义一下即可。

（二）基于网络层划分 VLAN

这种划分方法是根据每个主机的网络层地址或协议类型（如支持多协议）划分的，优点是即使用户的物理位置改变了，也不需要重新配置所属的 VLAN。另外，这种方法不需要附加的帧标签来识别 VLAN，这样可以减少网络的通信量。

二、PVLAN 及其配置

（一）PVLAN 概述

随着网络信息技术的快速发展，网络用户对网络的安全性有了更高的要求，人们对控制病毒传播以及防范黑客攻击上也有了更高的要求，这些要求都是为了能够保证网络用户的安全性。

传统的解决方法是私有虚拟局域网（PVLAN），即给每个客户群分配一个 VLAN 和相关的 IP 子网，通过使用 VLAN，每个客户从第二层被隔离开，可以防止任何恶意的行为和以太网的信息探听。然而，这种分配每个客户单一 VLAN 和 IP 子网的模型造成了巨大的可扩展方面的局限。

（二）PVLAN 类型

1. PVLAN 的端口类型

在 PVLAN 的概念中，交换机端口有隔离端口、团体端口和混杂端口三种类型。

（1）隔离端口

这种类型的端口彼此之间不能交换数据，只能与混杂端口通信，一般用作用户的接入端口。

（2）团体端口

这种类型的端口之间可以互相通信，也可以与混杂端口通信，主要应用在同一 PVLAN 中，给那些需要互相通信的一组用户使用。

（3）混杂端口

这种类型的端口可以与同一 PVLAN 中的所有端口互相通信，通常与路由器或第三层交换机相连接的端口都要配置成混杂端口，它收到的流量可以发往隔离端口和团体端口。

2. PVLAN 类型

PVLAN 有以下三种类型。

①主 VLAN。主 VLAN 代表一个 PVLAN 整体。

②隔离 VLAN。隔离端口属于隔离 VLAN。

③团体 VLAN。团体端口属于团体 VLAN。

隔离 VLAN 和团体 VLAN 都属于辅助 VLAN，它们之间的区别是同属于一个隔离 VLAN 的主机不可以互相通信，同属于一个团体 VLAN 的主机可以互相通信，但它们都可以和与之所关联的主 VLAN 通信。

三、动态 VLAN 及其配置

VLAN 有静态和动态之分，静态 VLAN 就是事先在交换机上配置好，事先确定哪些端口属于哪些 VLAN，这种技术比较简单，配置也方便，这里主要讨论动态 VLAN 技术及其安全意义。

（一）动态 VLAN 概述

动态 VLAN 的形成也很简单，当由端口自己决定属于哪个 VLAN 时，就形成了动态的 VLAN。它是一个简单的映射，这个映射取决于网络管理员创建的数据库。分配给动态 VLAN 的端口被激活后，交换机就缓存初始帧的源

MAC 地址。随后，交换机便向这个称为策略服务器（VMPS）的外部服务器发出请求，VMPS 中包含一个文本文件，如果文件中存有进行 VLAN 映射的 MAC 地址，交换机就对这个文件进行下载，然后对文件中的 MAC 地址进行校验。

如果能在文件列表中找到 MAC 地址，交换机就将端口分配给列表中的 VLAN。如果列表中没有 MAC 地址，交换机就将端口分配给默认的 VLAN（假设已经定义默认的 VLAN）。如果在列表中没有 MAC 地址，而且也没有定义默认的 VLAN，则端口不会被激活。动态 VLAN 是维护网络安全的一种非常好的方法。

如果所分配的 VLAN 被限制在一组端口范围内，VMPS 确认发起请求的端口是否在这个组内，并做如下响应。

①如果 VLAN 在该端口是允许的，则 VMPS 向客户返回 VLAN 的名称。

②如果 VLAN 在该端口是不允许的，则 VMPS 处于不安全模式，这时拒绝接入响应。

③如果 VLAN 在该端口是不允许的，并且 VMPS 处于安全模式，则 VMPS 发出端口关闭响应。

如果 VMPS 数据库内的 VLAN 与该端口上当前的 VLAN 不匹配，并且该端口上有活动主机，VMPS 会根据 VMPS 的安全模式发出拒绝或端口关闭响应。如果交换机从 VMPS 服务器端接收到拒绝接入响应，将会阻止由该 MAC 地址发往此端口或者从此端口发出的数据，然后交换机将继续监控发往该端口的分组，并在发现新的地址时向 VMPS 或者从此端口来的通信；如果交换机从 VMPS 服务器接收到端口关闭响应，将会立刻关闭端口，并只能手工重新启用。

出于安全的原因，用户可以配置一个 fallback VLAN 的名称，如果配置连接到网络上并且其 MAC 地址不在数据库中，VMPS 会将 fallback VLAN 的名称发给客户端。如果不配置 fallback VLAN，MAC 地址也不在数据库中，则 MPS 将会发出拒绝响应；如果 VMPS 处于安全模式，则会关闭端口。

用户还可以在 VMPS 数据库中添加条目，拒绝待定 MAC 地址的访问。具体方法是将此 MAC 地址对应的 VLAN 名称指定为关键字"NONE"。这样，VMPS 就会发出拒绝接入响应或关闭端口。

交换机上的动态端口仅属于一个 VLAN，当链路启用后，交换机只能在 VMPS 服务器提供 VLAN 分配后才会转发来自或者发往此端口的通信，VMPS 客户端从连接到动态端口的新主机发送的首个分组中获得源 MAC 地址，并尝试通过发往 VMPS 服务器的 VQP 请求，在 VMPS 数据库中找到与之匹配的 VLAN。

Cisco Catalyst 2950 和 3550 允许多台同属于一个 VLAN 的主机连接在一个动态端口上。如果活动主机多于 20 台，VMPS 将把接口关闭。如果动态端口上的连接中断，端口将返回隔离状态并且不属于任何一个 VLAN。对连接到该端口的任何主机，在将端口分配给某个 VLAN 之前，要通过 VMPS 重新检查。

（二）动态 VLAN 配置

将 VMPS 客户配置为动态时，有一些限制，即为动态端口指定 VLAN 成员身份时要遵循以下原则。

①将端口配置为动态之前，必须先配置 VMPS。

② VMPS 客户端必须与 VMPS 服务器处于同一个 VLAN 管理域中，且同属于一个管理 VLAN。

③如果将端口配置为动态，则会自动在该端口启动边缘端口（PortFast）功能。

④如果将一个端口由静态配置为动态端口，端口会立即连接到 VLAN 上，直到 VMPS 为动态端口上的主机检查合法性。

⑤静态的 Trunk 端口不可以改变为动态端口。

⑥通道接口（EtherChannel）内的物理端口不能被配置为动态端口。

⑦如果有过多的活动主机连接到端口中，VMPS 会关闭动态端口。

第四节　无线局域网安全技术

一、无线局域网概述

随着网络技术的发展，有线网络已经无法满足人们日常的需求，因此，诞生了无线网络。无线网络给人们带来了更多的便利，深受人们的喜爱。无线网络自诞生就得到了迅速的发展，但是无线网络还是要依附于有线网络，无线网络无法单独存在，但由于无线网络存在便捷性和灵活性，为网络应用提供了巨大的作用。

在专业角度上看，无线网络是通过无线通信实现各种设备之间的通信的，并且在无线网络中能够实现通信的个性化、移动化。可以说无线网络是在无线通信技术和网络技术结合的基础上产生的。简单来说，无线网络就是在没有网线布置的情况下，依然能够提供以太互联功能的通信方式。无线局域网主要运用射频的技术取代原来局域网系统中必不可少的传输介质（如同轴电缆、双绞线等）来完成数据信号的传送任务。

二、无线局域网的优点

无线局域网具有以下几个方面的优点。

（一）灵活性和移动性

无线网络与有线网络相比，有着较强的灵活性和移动性，在安装有线网络时，常常会受到线缆的长度或位置的限制，而无线局域网络在一个位置安装后，能够在无线信号覆盖的任何一个地方连接网络。

无线局域网与有线网络相比较最大的优点就是无线网络的移动性，用户在连接使用无线网局域网时，能够任意移动并且还能与网络保持连接的状态。

（二）安装便捷

由于有线网络在安装时需要大量网络布线，所以有线网络安装相对复杂，而无线网络相较于有线网络能够减少网络布线，这也是无线局域网的最大优势。并且无线局域网只需要安装一个或多个设备，就能够有效覆盖整个区域的网络。

（三）易于进行网络规划和调整

在办公室或网络拓扑的地方，有线网络可以重新构建网络规划，但是重新构建网络规划，不光费时、费力，并且也会花费大量金钱，无线局域网可以减少或避免这类情况的发生。

（四）故障定位容易

由于有线网络发生故障时，很难查明出现的故障在哪里，在检查线路时会付出一定的时间和巨大的代价。无线局域网与有线网络相比，在发生故障时，很容易定位故障出现的地方，这时只需要更换故障设备，就能够恢复网络连接。

（五）易于扩展

无线局域网的配置方式有很多种，无线局域网与有线网络相比最强的优势就在于扩展迅速，无线局域网能够从几个用户的小型局域网快速扩展到上千用户的大型网络，无线局域网还能够实现有线网络无法实现的"漫游"功能。

由于无线局域网有以上优点，因此才能够得到迅速发展。近年来，无线局域网络已经在众多场合中得到了充分的运用。

三、无线网络安全的目标

无线局域网和传统网络一样都具有网络安全目标,无线网络安全的目标包括以下几个方面。

(一)可靠性

无线网络安全具有可靠性,这主要是因为网络系统能在规定的条件下和时间内完成规定的功能。

(二)可用性

无线网络安全具有可用性,这主要是因为网络信息系统可被授权实体访问并按需求使用的特性。

(三)保密性

无线网络安全具有保密性,这也是为了防止网络信息会泄露给个人,无线网络只为授权用户提供访问服务。保密性是信息安全的重要安全目标,也是保障信息安全系统的基本要求。

(四)完整性

无线网络安全具有完整性,这是因为网络信息在没有经过授权时是不能随便改动的,即使信息已经生成或是在传输过程中,依然能够保证信息不会被随意改动或是丢失、破坏等。

(五)真实性

无线网络安全具有真实性,真实性在无线网络安全目标中也被称为不可否认性,这是因为在网络信息系统的信息交互过程中,所有参与其中的过程都是不可能否认或抵赖曾经完成的操作。

四、无线网络的脆弱性

虽然无线网络为人们带来了便捷,但是无线网络自身也带有脆弱性,主要体现在以下几个方面。

(一)体系结构的脆弱性

网络体系结构分为上、下两层,上层主要是为了服务调用者并且上层能够调用下层的服务,下层是无线网络服务器的提供者。如果下层的服务发生错误,就会影响到上层的工作。

（二）网络通信的脆弱性

网络安全通信在网络应用中是重要的信息之间传递、交换的保障，如果通信系统存在安全缺陷就会影响到网络设备之间信息的交换和传递，并且会危及网络整体的系统安全。

（三）网络操作系统的脆弱性

在整个网络操作系统中，UNIX、Windows、Netware 等操作系统都存在着各种不同的漏洞，一旦这些漏洞遭到攻击者的利用，就会使整个网络安全受到威胁。

（四）网络应用系统的脆弱性

网络应用系统和上述的网络操作系统是一样的，他们都存在一定的脆弱性，并且一旦被攻击者利用，就会使整个网络安全受到威胁。

（五）网络管理的脆弱性

在无线网络中，网络管理工作显得尤为重要，但是网络管理工作在无线网络中存在许多不足之处，如岗位职责混乱、设备选型不当、安全制度不健全等，这些因素都会成为网络安全隐患。

五、无线网络的安全问题

与有线网络相比较，无线网络的安全问题更为突出，其接入网络的便捷性使得黑客、病毒等能更悄无声息地进入网络。总的来说，无线网络安全存在以下几方面安全问题。

（一）网络资源暴露无遗

如果一些别有用心的人通过无线网络找到别人的无线局域网并且连接进去，他们会和直接连接到此人无线局域网的用户是一样的，这些别有用心的人在连接到他人无线局域网时，会有整个网络的访问权限。

当遇到这种情况时，除非无线局网用户本人采取了一定的措施，否则入侵者就能够做到任何授权用户能做到的事，可想而知后果的严重性。

（二）数据信息被泄露

数据文档包含了各种敏感信息，如私密照片、产品配方、客户资料等，通常可以独立存在，而不依赖于具体的硬件、系统或网络，因此对电子数据的保护也是网络安全的重要环节。

公开的共享目录、未加密的电子邮箱文件夹、缺少有效的备份策略、误删除文件，以及明文提交的网页表单、访问授权的失控等，都是可能导致信息泄漏的触发点。当然，数据安全的防护等级取决于用户的需求，对于越重要、越敏感的数据资料，越应该采取强力的保护和授权措施，一旦重要的数据信息被泄露，后果不堪设想。

（三）存在的威胁

安全威胁是非授权用户对资源的保密性、完整性、可用性以及合法使用所造成的危险。无线网络的传输方式与有线网络的传输方式有所不同，所以两者的安全威胁也是有所不同的。

无线网络和有线网络采取的网络连接技术也是有所不同的。无线网络采用射频技术进行网络连接，所以其与有线网络相比，还是会存在一些有线网络不存在的安全危险。

面向网络提供服务是实现信息系统功能最主要的形式，因此如何鉴别合法、不合法的访问变得尤为重要，特别是对于那些用户群体庞大、面向人员复杂的应用系统，如网站、电子邮件、文件传输协议（FTP）服务器等，网络安全更是关注的焦点。

第六章 数据库与数据安全

无论数据处于存储状态还是处于传输状态，都可能会受到安全威胁。要保证企事业单位的业务持续成功的运作，就要保护数据库系统中的数据安全。本章将就数据库与数据安全问题进行详细的讨论，主要分为数据库安全概述、数据库的安全特性、数据库的安全保护、数据的完整性、数据备份与恢复、网络备份系统六个部分，主要包括数据库系统的威胁、数据库的安全机制、影响数据完整性的因素、网络备份系统方案等方面的内容。

第一节 数据库安全概述

一、数据库安全

（一）数据库安全

数据库安全是指采取各种安全措施对数据库及其相关文件和数据进行保护，防止非授权使用数据库，保证数据库系统软件和数据库中的数据不遭到破坏、更改和泄露，确保数据的完整性、保密性、可用性、可控性和可审查性。

现代的信息系统大都基于网络而存在，开放的网络环境，跨不同硬件和软件平台通信，数据库安全问题在这个环境下变得更加复杂。因此如何有效保护数据库安全应该从多个角度、多个层次来进行讨论并实施相应的安全措施。

将数据库安全细化可以分为数据库系统的安全性和数据库数据的安全性两层含义。

1. 数据库系统的安全性

数据库系统的安全性指的是数据库系统采用各种防护机制，用以抵挡非法用户利用系统漏洞侵入数据库系统，并保障数据库系统的安全运行。数据库系统的安全性是一种系统级的控制数据库存取和使用的机制。

数据库系统安全包括硬件运行安全、物理控制安全、操作系统安全、数据库授权、故障恢复等。

2. 数据库数据的安全性

数据库数据的安全性指的是通过对存取内容和用户操作类型进行有选择的控制来保障数据库中的数据安全。就算数据库系统被破坏或者受到攻击而关闭，数据库中的数据信息也不会丢失。数据库数据的安全性是一种对象级的控制数据库存取和使用机制。

数据库数据安全包括用户访问权限控制、数据存取权限控制、数据加密、审计跟踪等。

（二）数据库安全管理原则

数据库安全管理原则是进行数据库管理以及数据合理配置的指导思想，它能保证数据库管理的科学性和合理性，实施有效的控制和管理，确保数据库的信息安全。

1. 管理细分和委派原则

在数据库工作环境中，数据库管理员一般都是独立执行数据库的管理和其他事务工作，一旦出现岗位变换，将带来一连串的问题和效率低下。通过管理责任细分和任务委派，数据库管理员可从常规事务中解脱出来，把精力更多地放在解决数据库执行效率与管理相关的重要问题上，从而保证任务的高效完成。

2. 最小权限原则

对数据库修改或者存取数据是常规操作，但是在操作过程中会涉及大量的权限访问，而最小权限原则就会有效地解决这一问题，在合法的操作下，分配最小特权集，使用户恰好能够完成工作，没有赋予用户完成工作所不需要的其他权限。遵守最小权限原则不仅能够减少泄密的机会，还能减少破坏数据库完整性的可能性。

3. 最大共享原则

最大共享原则是指让用户尽可能地访问那些被允许访问的信息，使得不可访问的信息只局限在允许访问这些信息的用户范围内，从而保证数据库中的信息得到最大限度的利用。

4. 账号安全原则

账号安全对于每一个用户非常重要，因为这是他们打开数据库连接的前提。

对于账号的安全管理应该遵循传统的管理方法，如密码的设定和更改、账号锁定、设置数据的访问权限、设置账户的生命周期等。

5. 有效审计原则

数据库审计是数据库安全的基本要求，它可用来监视各用户对数据库施加的操作。用户应针对自己的应用和数据库活动定义审计策略，在条件允许的地方还可采取智能审计。智能审计的优点有两点：一是可以节约时间，使数据库能够更加高效的工作；二是减少执行审计的范围和对象，避免资源的浪费。此外，智能审计还限制了日志的大小，使得关键事件更加的突出。

二、数据库管理系统

数据库管理系统又被称为 DBMS，它是数据库系统的核心，它能够控制数据库的建立、使用以及维护等操作，是一种控制和管理数据库的软件。在数据库管理系统中，无论是用户对数据库的访问操作还是数据库管理员对数据库的维护操作，都能有效地实现，除此之外，它还可以使多个应用程序和用户用不同的方法在统一时刻或不同时刻去建立、修改和访问数据库。

（一）数据库管理系统的功能

1. 数据库操作功能

DBMS 还提供数据操作语言，其可以接收、分析和执行用户提出的访问数据库的各种要求，完成对数据库的各种基本操作，如对数据库的检索、插入、删除和修改等操作，也可以重新组织数据的存储结构，同时可以完成数据库的备份和恢复等操作。这是面向用户的主要功能。

2. 数据库组织、存储和管理功能

数据库中需要存放多种数据，如数据字典、用户数据和存储路径等。DBMS 负责分类组织、存储和管理这些数据，确定以哪种文件结构和存取方式物理地组织这些数据，如何实现数据之间的联系，以便提高存储空间利用率和各种基本操作的时间效率。

3. 数据库维护功能

当数据库出现故障时，数据库管理系统具有数据库的维护功能。例如，它可以将数据库的初始数据重新载入、进行数据转换操作、记录数据库运行情况、监控数据库性能等，就算数据库受到破坏也能够及时地恢复数据。

（二）数据库管理员

在数据库时代，数据库技术将克服以前所有管理方式的缺点，试图提供一种完善的、更高级的数据管理方式。它的基本思想是实现数据共享，实现对数据集中统一管理，且具有较高的数据独立性，并为数据提供各种保护措施。数据库技术的使用正在改变着企事业单位的管理方式，很多部门或者用户把数据集中放在了数据库中，这样自然会带来很多好处。例如，数据变得更加可靠实用，因为它避免了数据的重复性和不一致性；此外，数据的独立性减少了程序的维护成本，还为数据的特定查询请求提供了快速响应。

但是，要把众多部门或者用户的数据放在同一个数据库中，就必须考虑很多方面的问题，比方说，这些数据会不会产生冲突、重要的数据会不会丢失、会不会有越权使用数据的情况发生，等等。这些问题都是用户非常关心的。因此，为了解决这些问题，就要有一个数据库管理的部门来负责和管理与数据库有关的一切工作，也就是说负责数据库的管理。

从事数据库管理工作的人员称为数据库管理员。数据库管理员不是数据库的占有者，而是数据库的保护者。他们对于程序语言和系统软件，如 OS、DBMS 等都很熟悉，是一些懂得和掌握数据库全局工作，以及作为设计和管理数据库的核心骨干人员。他们需要处理大量的工作，其中既有技术方面的工作，又有管理方面的工作。总的来说，数据库管理员的工作可以概括为以下几个方面。

①在数据库设计开始之前，数据库管理员要调查数据库用户需求。在数据库规划阶段，数据库管理员要参与选择和评价与数据库有关的计算机软硬件，与用户共同确定数据库系统的目标和数据库应用需求，同时确定数据库的开发计划。

②在数据库设计阶段，数据库管理员要负责数据库标准的制定和共用数据字典的研制，要负责各级数据库模式，及数据库安全、可靠方面的设计，此外，还要决定文件组织方法。开发人员设计应用后，数据库管理员要创建数据库存储结构和数据库对象。

③在数据库运行阶段，数据库管理员要负责对用户进行数据库方面的培训、数据库的转储和恢复、对数据库中的数据进行维护、用户对数据库的使用权限（确定授权核对和访问生效方法）、监视数据库的性能，同时调整、改善数据库性能，响应系统的某些变化，改善系统的"时空"性能，提高系统的效率。

此外，还要继续负责数据库安全系统的管理，在运行过程中发现问题，解决问题。

由此可见，数据库管理员的工作是十分繁重且重要的，任何一个数据库系统如果没有数据库管理员进行管理工作，数据自动化处理就难以成功，数据库就会失去统一的管理和控制，从而造成数据库的混乱。对于规模较大的数据库，一两个人是很难完成数据库管理工作的，所以数据库管理员通常是指数据库管理部门。在开发数据库系统时，首先就应该设置数据库管理员的职务或相应的机构，规定数据库管理员的责任，同时也要保证数据库管理员的权限。这样在数据库系统的开发过程中，数据库管理员才能发挥极其重要的作用。

三、数据库系统面临的威胁

（一）数据库系统面临的安全威胁

1. 数据库系统管理过于集中

数据库系统的一切重要操作都与最高管理员有着密切的关系。在系统运行过程中，管理员的全部精力都放在了数据库系统的管理之中，一旦出现管理上的疏漏，就会导致数据库系统的崩溃，造成难以估量的严重后果。

2. 人们对数据库安全的忽视

人们认为只要把网络和操作系统的安全搞好了，所有的应用程序也就安全了。现在的数据库系统都有很多方面被误用或者有漏洞影响到数据库的安全。而且常用的关系型数据库都是"端口"型的，这就表示任何人都能够绕过操作系统的安全机制，利用分析工具连接到数据库上。

3. 安全特性缺陷

大多数关系型数据库已经存在 10 多年了，都是成熟的产品。但 IT 业界和安全专家对网络和操作系统要求的许多安全特性在多数关系数据库上还没有被使用。

4. 数据库账号密码容易泄露

由于数据库的安全特性，在数据库设置安全密码环节时，防护功能较为薄弱，针对一些简单易破解的密码没有明确的提示功能，也缺乏对设置高保密性密码的限制，这样一来，系统为众多入侵者提供了访问数据库的机会，造成数据库账号密码的泄露，使数据库受到严重的损失。

5. 操作系统后门

多数数据库系统都有一些特性,来满足数据库管理员的需要,这些也成为数据库主机操作系统的后门。

6. 木马的威胁

著名的木马能够在密码改变存储过程时修改密码,并能告知入侵者。例如,可以添加几行信息到 sp_password 中,记录新账号到库表中,然后通过 E-mail 发送这个密码,或者写到文件中以后使用等。

(二)数据库系统面临的威胁形式

1. 篡改

数据库系统常常会由于一些未经授权的操作而出现数据被修改的现象,这种导致数据库中的数据失去原来真实性的操作被称为篡改。篡改的形式具有多样性,但有一点是明确的,就是在造成影响之前很难发现它。篡改是一种人为的恶意破坏,其出现的原因大都是受到利益的诱惑、想要隐藏关键证据、由于无知而进行的恶作剧等。

2. 损坏

损坏是数据库系统中数据最容易受到的安全威胁形式。受到损坏的数据库常表现为数据被删除、移走或破坏等。数据库损坏产生的原因大致可以分为三点:人为破坏、恶作剧、计算机病毒。破坏往往都带有明确的作案动机;恶作剧者往往是出于爱好或好奇而给数据库造成损坏;计算机病毒不仅对系统文件进行破坏,也对数据文件进行破坏。

3. 窃取

使数据库系统受到威胁的另一种形式还有窃取操作,其作案手法通常是将数据复制到软盘之类的可移动介质中,若有需要,还能将数据打印出来。窃取操作主要针对的是一些敏感的数据,因此,经常出现在一些商业竞争中,由间谍窃取数据,给对手造成重大损失。

(三)数据库系统面临威胁的来源

数据库面临的安全威胁有两个方面:一方面是数据库运行平台的安全,即任何能对该平台的软件、硬件以及网络等构成破坏的行为都可视为系统运行的安全威胁;另一方面是数据库数据的安全,包括数据独立性、数据安全性、数据完整性、并发控制、故障恢复等几个方面,下面将简单列出几种威胁来源。

1. 物理和环境因素

对数据库造成威胁的物理和环境因素包括物理设备的损坏、设备的机械和电气故障、火灾、水灾以及磁盘磁带丢失等。

2. 事务故障

数据库"事务"是指数据操作的并发控制单位,是一个不可分割的操作序列。数据库事务内部的故障多发生于数据的不一致性,主要有以下四点。

①逻辑上的错误,如运算溢出、死循环、非法操作、地址越界等。

②无效(违犯完整性限制)的输入数据。

③存取控制(安全性)违例。

④资源限定,如为了解除死锁,实施可串行化的调度策略等而中止一个事务。

对于那些预先设计的、程序本身有显示的例外处理的故障不算事务故障。这种故障不会毁坏数据库(但可能使数据库处于不正确状态),也不直接影响别的事务。

3. 系统故障

系统故障又叫软故障,是指系统突然停止运行时造成的数据库故障。这些故障不破坏数据库,但影响正在运行的所有事务,因为缓冲区中的内容会全部丢失,运行的事务将非正常终止,从而造成数据库处于一种不正确的状态。这种系统故障主要有以下四点。

① CPU 等硬件故障。

②操作系统出错。

③电源故障。

④操作员错误。

这些故障将影响所有事务使其非正常结束,内存、各种缓冲区的内容丢失,但并不会毁坏数据库,而是造成数据库处于非正确状态。它直接影响当前正在活动的所有事务。

4. 介质故障

介质故障又称硬故障,主要指外存储器故障,这类故障发生可能性小,但破坏性大,会破坏数据库或部分数据库,并影响正在使用数据库的所有事务。介质故障主要有以下四点。

①磁头碰撞盘面。
②突然的强磁场干扰。
③数据传输部件出错。
④磁盘控制器出错。

5. 并发事件

在数据库实现多用户共享数据时，可能由于多个用户同时对一组数据的不同访问而使数据出现不一致现象。

6. 病毒与黑客

计算机病毒是一种人为的故障或破坏程序，它通过对计算机的非正常使用进行破坏，使得电脑无法正常使用甚至造成整个操作系统瘫痪。

黑客主要是指一些擅长计算机技术的人群，他们通常采用一些非法手段，对计算机系统进行入侵，使得计算机中的数据受到侵害。黑客的攻击和系统病毒发作可破坏数据保密性和数据完整性。

病毒的种类很多，不同病毒有不同的特征。为此计算机安全工作者已研制了许多预防、检查、诊断、消灭计算机病毒的软件。但是，至今还没有一种可以使计算机"终生"免疫的软件。因此，数据库一旦被破坏仍要用恢复技术对数据库加以恢复。

7. 其他威胁

①未经授权非法访问或非法修改数据库的信息，窃取数据库数据或使数据失去真实性。
②对数据不正确的访问引起数据库中数据的错误。
③网络及数据库的安全级别不能满足应用的要求。
④网络和数据库的设置错误和管理混乱造成越权访问和越权使用数据。

第二节　数据库的安全特性

一、数据独立性

在了解数据独立性之前我们需要先分清以下几个概念。

①模式。模式亦称逻辑模式，这是对数据库中全体数据的逻辑结构和特性的描述，是所有用户的公共数据视图。模式是对数据库结构的一种描述，而不是数据库本身，它是装配数据的一个框架。

②外模式。外模式亦称子模式或用户模式，是数据库用户看到的数据视图，它是与某一应用有关的数据的逻辑表示。外模式通常是模式的子集，它是各个用户的数据视图。

③内模式。内模式是全体数据库数据的内部表示或者低层描述，用来定义数据的存储方式和物理结构。

④外模式/模式映像。外模式/模式的映像定义了某一个外模式和模式之间的对应关系，这些映像通常包含在各自的外模式中。当模式改变时，外模式/模式的映像要做相应的改变以保证外模式保持不变。

⑤模式/内模式映像。模式/内模式的映像定义数据逻辑结构和存储结构之间的关系，它说明逻辑记录和字段在内部是如何表示的。当数据库的存储结构改变时，可相应修改模式/内模式的映像，从而使模式保持不变。

数据独立性实质上指的是数据与程序的独立性，分为物理独立性和逻辑独立性两方面。当内模式改变时，通过模式/内模式映像的调整，可以使模式不变，而外模式是模式的子集，既然模式没有改变，那么外模式也不会改变，又由于应用程序是根据外模式编程的，既然外模式没有改变，那么应用程序也不需要改变，这就是数据与程序的物理独立性；当模式改变时，通过外模式/模式映像的调整，可以使外模式基本不变，又由于应用程序是根据外模式编程的，既然外模式基本不变，那么应用程序也可以基本不变。这就是数据与程序的逻辑独立性。

二、数据完整性

数据的完整性是对数据库正确性、有效性和一致性进行的总体概括，它描述的重点在于数据的传输过程，也就是说，防止错误信息在输入和输出过程中的出现就是保证数据完整性的关键意义。

三、数据结构化

首先，数据库系统是从整体观点来看待和描述数据的，数据不再是面向某一应用，而是面向整个应用系统的。

其次，除了共享的数据以外，各部门还可以有自己的私有数据。由于数据库是高度结构化的，数据库中数据项之间及记录之间是有相互联系的。因此，当数据库应用需求改变或增加时，只要重新选取不同子集或者加上一小部分数据，便可以有更多的用途，满足新的要求，这就使系统很容易扩充，文件系统则很难达到这一点。

四、并发控制

现在的计算机基本实现了数据库的多用户数据共享功能，也就是说在同一时刻会发生多用户的存取数据事件。为了防止数据在分享的过程中，由于修改、保存和读取的不同步而造成数据的不统一和错误，就会对此实行并发控制的操作，这也是保证数据正确性的关键操作之一。

五、故障恢复

数据库是保管计算机电子数据的重要场所，一旦数据库遭到破坏，就会造成数据的丢失和损坏。因此，数据库管理系统自身会提供一套能够发现和修改故障的方法措施，用以保障数据库的安全。

第三节 数据库的安全保护

一、数据库的安全保护层次

（一）网络系统层次安全

网络系统层次安全现在已成为数据库安全中极其重要的一部分。从大的环境来看，信息时代中要想保证数据的安全，首先就要保证网络系统的安全，因为外部入侵的第一步就是从入侵网络系统开始的，只有网络系统具有抵御外界攻击的能力，为数据库创造一个安全的环境和基础，才能使数据库系统发挥其强大的作用。网络系统安全作为数据库安全的第一道屏障，需要为数据库排除大部分的威胁因素，将那些试图破坏信息系统完整性、安全性、保密性的危险因素隔绝在这一层之外。因此，网络系统层次安全对于数据库来说是十分重要的。

（二）操作系统层次安全

操作系统为大型数据库系统提供主要的运行平台，由于数据库系统在运行的过程中也容易受到非法的攻击和破坏，因此操作系统就成了数据库系统的第二道安全保护屏障。处于操作系统层次的安全措施大致包括访问控制技术、推理控制与统计数据库的安全、系统漏洞分析与防范、操作系统的安全管理等。

（三）数据库管理系统层次安全

数据库管理系统是数据库安全防护的最后一层，它与数据库系统的安全性之间存在着非常密切的关系，可以说数据库管理系统安全性机制是否完善决定着数据库系统安全性能的好坏。若数据库管理系统安全机制较为成熟，则数据库系统的安全性能也较强，可以解决更多的安全性问题，反之则会受到一定的安全威胁。

数据库系统之所以容易受到入侵者的破坏，是因为数据库系统的存在形式大多为文件，而入侵者可以利用操作系统的漏洞对数据库文件进行非法篡改和伪造，因此，数据库管理系统层次的安全措施主要就是针对以上问题进行防范和解决的。

二、数据库安全机制

（一）身份认证

在信息系统中，一切信息包括用户的身份信息都是用一组特定的数据来表示的，计算机只能识别用户的数字身份，所有对用户的授权也是针对用户数字身份的授权。如何保证以数字身份进行操作的操作者就是这个数字身份的合法拥有者，即保证操作者的物理身份与数字身份一一对应，需要其他安全技术来提供权限管理的依据，这时就需要利用身份认证技术解决此问题。

认证服务提供了关于某个实体身份的保证，所有其他的安全服务都依赖于该服务。

数据库的身份认证是数据库安全的第一道屏障，其目的是防止非授权用户或计算机进程进入数据库系统。目前主流的数据库系统支持以下身份认证方式。

1. 操作系统认证

用户可以不需要额外设置用户名和密码，通过使用操作系统账户便可直接连接到数据库的认证方式。这种情况下，用户对数据库的连接要靠操作系统来进行验证。

2. 数据库系统认证

数据库用户账号和口令以加密的方式保存在数据库内部，这些账号和口令只存在于数据库内部，跟操作系统无关。当用户连接数据库时必须输入用户账户和口令，通过数据库认证后才可以登录到数据库。目前主流的数据库管理系统都同时支持操作系统认证和数据库系统认证。

3. 第三方认证

目前已经有许多网络安全认证系统可以用来对数据库用户进行身份认证，这主要依赖于认证和密钥分配系统。在认证和密钥分配系统的帮助下，用户可以通过提供身份证明或者验证令牌来响应验证请求，在技术上采用智能卡、安全令牌、生物识别等。

第三方认证在实质上主要为密钥分配系统提供了一个应用编程界面，它能为任何网络应用程序提供安全服务，不管是在数据机密性和完整性方面，还是在访问控制以及非否认服务方面。

（二）访问控制

数据库的安全控制技术主要有信息流向控制、推导控制、访问控制，这其中应用较为广泛的就是访问控制技术。

访问控制技术是利用某种途径准许或限制访问能力及范围，或限制对关键资源的访问，又或是防止非授权用户对数据的访问或者授权用户的越权操作。

与操作系统当中的访问控制不同，数据库的访问控制需要更加精细的数据粒度加以控制，如表、视图、元组、列、元素（每个元组的字段）等。需要定义完整的访问操作，需要对访问规则进行检查。只有通过了认证的合法用户才有被授权的权利，从而才能对他们实行访问控制约束。

1. 自主访问控制

系统在进行访问控制时将根据主体的身份及拥有的访问权限来决策，而自主访问控制就是由客体的属主对自己的客体进行管理，由属主自己决定是否将自己的客体访问权或部分访问权授予其他主体，这种控制方式是自主的。也就是说，在自主访问控制下，用户可以按自己的意愿，有选择地与其他用户共享他的文件。

自主访问控制的表示形式为一个访问控制矩形阵，当用户需要执行某种操作时，系统就会将用户的请求与系统的授权存取矩形阵进行比较，如果通过就表示允许该用户的请求，反之则拒绝该用户的任何访问请求。

由于自主访问控制对于访问权限的控制是根据主体的意愿而设置的，也就是说主体可以对访问资源的用户设置控制权限，用户在每次访问前都要对其访问权限进行验证，只有验证合格后才能进行相关的操作和访问，因此这种安全控制方式具有很高的灵活性，它是基于用户的要求而成立的。目前，自主访问控制常见于商业和工业领域，适合于各种操作系统和应用程序的管理。

尽管自主访问控制比较灵活、易用，适用于多个领域，但是它的缺点也是十分明显的，主要呈现以下几点。

①有一定的安全隐患。由于自主访问控制系统的授权存取矩阵并不是由专门管理者进行管理的，因此普通用户是可以进行自主修改的，这种模式很容易被旁路，改变系统的初始授权定义。

②管理困难。因为自主访问控制的访问权限授予能够传递，没有固定的管理人员，因此难以对访问权限进行控制，造成管理的困难，并且自主访问控制系统不会对客体产生的副本进行保护，这也在一定程度上增加了管理的难度。

③效率低下。这一控制系统需要的开销较大，并且从工作效率的角度分析其并不适用于大型的系统。

④易遭受特洛伊木马的攻击。

基于以上描述，我们可以知道自主访问控制不适用于对安全强度要求较高的数据库系统。

2. 强制访问控制

强制访问控制是一种安全性更高的访问控制，在强制访问控制下，对无意义数据对象标以一定密级，每一用户对应某一级别的许可证，只有具有合法许可证的用户才可以存取某一对象。

自主访问控制与强制访问控制之间的区别有以下三点。

①对数据的标记不同。自主访问控制机制是通过对数据的存取权限进行安全控制的，并没有对数据本身进行一定的安全标记；但是在强制访问控制机制中，数据本身必须进行严格的密级标记，将标记与数据组成一个不可分割的整体，无论数据进行了多少次的复制操作，也只能由符合密级标记的用户操控，保障了数据的安全。

②安全型级别不同。强制访问控制的安全性级别要高于自主访问控制的安全性级别。

③系统对数据存取的权限不同。自主访问控制的数据存取权限不由系统控制，其控制权掌握在用户手中；而强制访问控制的数据存取则是直接由系统进行控制，用户无法对此直接感知或控制。

为了保证信息的完整性，如毕巴（BIBA）模型要求不向下读、不向上写。低完整性的信息不能向高完整性的实体流动，反之则可以，即如果信息能从一个实体流向另一个实体时，必须满足前者的完整性等级和实体所属类别都支配后者。

现在有很多系统采用的是将自主访问控制与强制访问控制相结合的方式构成自身的安全保护层。只有通过了自主访问控制和强制访问控制的双重检查，用户才具有访问某个客体的权利，这样不仅能利用前者防范其他用户对自己所拥有客体的攻击，更能让后者为自己提供一个不可逾越的安全屏障，并且这种机制还能有效防止特洛伊木马的威胁。

强制访问控制的缺点也很明显，如系统的灵活性差。虽然数据库系统机密性得到增强，但不能实施完整性控制，不利于在商业系统中的运用；并且它必须保证系统中不存在逆向潜信道，而在现代计算机中这种潜信道是难以去除的（如各种 Cache 等）。

3. 多级关系模型

在关系型数据库中应用强制访问控制策略首先需要扩展关系模型自身的定义。这个要求目前实现比较困难，因此提出了多级关系模型，其本质是不同的元组具有不同的访问等级。其关系被分割成不同的安全区，每个安全区对应一个访问等级。一个访问等级为 C 的安全区包含所有访问等级为 C 的元组，一个访问等级为 C 的主体能读取所有访问等级小于等于 C 的安全区中的所有元组，这样的元组集合构成访问等级 C 的多级关系视图。

（三）数据库加密

1. 数据库加密的定义

尽管在大型的数据库安全管理系统中具备着各种有关数据安全的防范功能，如用户识别、存取控制、审计等，但这只是基于系统方面的保护措施，对于一些经验丰富的黑客不能起到拦截和防范的作用，因此，还要对数据库文件本身采取一定的保护措施，这时就需要对数据库加密。

数据库加密是一种对数据库更加有效的安全防护措施，通过对数据增加一些加密或解密的控件来完成对数据本身的控制，是建立在数据库管理系统之上的防护手段。与其他加密形式不同，数据库加密的对象并不是数据文件，而是数据文件中的字段，这样就算黑客窃取了数据文件也无法对其中记录的字段信息做手脚，有效地保障了数据信息的安全。当然这并不是说对数据文件的加密没有作用，实际上将数据备份到离线的介质上送到异地保存时，对整个数据文件进行加密也是非常有必要的。

实现数据库加密以后，各用户也要使用自己的密钥对数据进行再一次的加密，这样就算是数据库安全管理员也无法进行随意的解密，从中获取到任何的数据信息，保证了用户信息的安全。此外，通过数据库加密的方式，使数据库的备份内容成为密文，从而减少因失窃或丢失而造成的损失，由此可见，数据库加密对于企业内部安全管理也是不可或缺的。

2. 数据库加密的要求

（1）字段加密

在了解字段加密之前，首先要对粒度进行一定的了解，粒度是加密或解密的单位，是每个记录的字段数据。字段加密的优点是通过对记录的字段进行加密或解密，可以提高数据信息的安全性，进行有效的密钥管理，适应数据库的操作需要。若是以文件列为单位进行加密，必然会形成密钥的反复使用，从而降低加密系统的可靠性或者因加密/解密时间过长而无法使用。

（2）密钥动态管理

在数据库中，一个逻辑结构不止对应着一个数据库客体，它可能与多个数据库物理客体有着对应关系，也就是说数据库客体之间存在非常复杂的逻辑关系，并且这些关系不易被人们发现。因此，在进行数据库加密时，需要通过密钥动态管理的方式解决复杂且多量的数据库加密工作。

（3）合理处理数据

合理处理数据需要从两方面着手：一方面需要合理处理数据的类型，如果数据的类型处理不妥当，会很容易被数据库管理系统识别成不符合定义的数据类型，拒绝其加载要求；另一方面需要合理处理数据的存储问题，保证数据库在加密之后不在增加空间的开销。

需要注意的是，并不是所有数据库中的数据都需要加密的，如数据库关系运算中的匹配字段（表间连接码、索引字段等）不宜加密。

第四节　数据的完整性

一、数据库完整性概述

数据库的完整性是对数据库正确性和其相容性进行的总体概括，保证数据库系统的完整性就是防止数据库中错误信息的输出与输入，重点在数据自身的传输过程，而安全性的主要目的则是防止数据库遭到恶意的破坏和非法的存取，重点在于防范外界的侵入。

二、影响数据完整性的因素

数据完整性的目的就是保证网络数据库系统数据处于一种完整或未被损坏的状态。数据完整性意味着数据不会由于有意或无意的事件而被改变或丢失。相反,数据完整性的丧失,就意味着发生了导致数据被篡改或丢失的事件。为此,应首先检查造成数据完整性被破坏的原因,以便采取适当的方法予以解决,从而提高数据完整性的程度。通常,影响数据完整性的主要因素有硬件故障、软件故障、网络故障、人为威胁和灾难性事件等。另外,系统数据库中的数据和存储在硬盘、光盘、软盘中的数据由于各种因素影响而失效(失去原数据功能),这也是影响数据完整性的一个方面。

(一)硬件故障

常见的影响数据完整性的主要硬件故障有硬盘故障、I/O控制器故障、电源故障和存储器故障等。

1. 硬盘故障

硬盘是一种很重要的设备,用户的文件系统、数据和软件等都存放在硬盘上。虽然每个硬盘都有一个平均无故障时间,但这并不意味着硬盘不会出问题。每次硬盘出现问题时,用户最着急的并非硬盘本身的价值,而是硬盘上存放的数据。

2. I/O控制器故障

因为I/O控制器有可能在某次读写过程中将硬盘上的数据删除或覆盖。这样的事情其实比硬盘故障更严重,因为硬盘出现故障时还有可能通过修复措施挽救硬盘上的数据,但如果数据完全被删除了,就无法恢复了。虽然I/O控制器故障发生概率很小,但它毕竟存在。

3. 电源故障

由于电源故障可能来自外部电源停电或内部供电问题等原因,所以系统断电是不可预知的。系统突然断电时,某些存储器中的数据将会丢失。

4. 存储器故障

硬盘、光盘、软盘等外存储器经常由于磕碰、振动或其他因素影响,使存储介质表面损坏或出现其他故障,从而使数据丢失或无法读出,这些数据就失去了完整性或可用性。

（二）软件故障

软件故障也是威胁数据完整性的一个重要因素。常见的软件故障有软件错误、文件损坏、数据交换错误、容量错误和操作系统错误等。

软件有安全漏洞是一个常见的问题。有的软件出错时，会对用户数据造成损坏，最可怕的事情是以超级用户权限运行的程序发生错误时，它可以把整个硬盘从根区开始删除。在应用程序之间交换数据是常有的事。当文件转换过程生成的新文件不具有正确的格式时，数据的完整性将受到威胁。

软件运行不正常的另一个原因在于资源容量达到极限。如果磁盘根区被占满，将使操作系统运行不正常，引起应用程序出错，从而导致数据丢失。

操作系统普遍存在漏洞，这是众所周知的。此外，系统的应用程序接口（API）被开发商用来为最终用户提供服务，如果这些API工作不正常，就会破坏数据。

（三）网络故障

网络故障通常由网卡和驱动程序问题、网络连接问题等引起。

网卡和驱动程序实际上是不可分割的，多数情况下，网卡和驱动程序故障并不损坏数据，只造成使用者无法访问数据。但当网络服务器网卡发生故障时，服务器通常会停止运行，这就很难保证被打开的那些数据文件不被损坏。

网络数据传输过程中，往往会由于互联设备（如路由器、网桥）的缓冲容量不够大而引起数据传输阻塞现象，从而导致数据包丢失。当然，这些互联设备也可能有较大的缓冲区，但由于调动这么大的信息流量造成的时延有可能会导致会话超时。此外，不正确的网络布线也会影响数据的完整性。

（四）人为威胁

人为活动对数据完整性造成的影响是多方面的。人为威胁使数据丢失或改变是由于操作数据的用户本身造成的。分布式系统中最薄弱的环节就是操作人员。人类易犯错误的天性是许多难以解释的错误发生的原因，如意外事故、缺乏经验、工作压力等。

（五）灾难性事件

通常所说的灾难性事件有火灾、水灾、风暴、工业事故、蓄意破坏和恐怖袭击等。

灾难性事件对数据完整性有相当大的威胁。如果没有做好备份，所造成的损失是巨大的。而它之所以能造成严重的威胁，原因是灾难本身难以预料，特别是那些工业事件和恐怖袭击。另外，灾难所破坏的是包含数据在内的物理载体本身，所以，灾难基本上会将所有的数据全部毁灭。

三、完整性约束

（一）完整性约束条件

完整性约束条件就是对数据库中的数据进行各个方面的语义约束，如针对数据表的定义说明及其制定方法，实体完整性约束条件用于保证数据库中数据表的每一个特定实体的记录都是唯一的，因此也可以说完整性约束条件是完整性控制机制的核心。

（二）完整性约束条件分类

1. 值的约束和结构的约束

从约束条件使用的对象来分，约束可分为值的约束和结构约束。

（1）值的约束

①对数据类型的约束。这里的数据类型是一个比较笼统的概念，它包括数据类型、数据单位、数据精度以及数据长度等值。例如，规定学生性别的数据类型应为字符型，长度为2。

②对数据格式的约束，如规定出生日期的数据格式为YYYY.MM.DD。

③对取值范围的约束。例如，月份的取值范围为1—12，日期的取值范围为1—31。

④对空值的约束。空值并不是零值或空白的意思，它所指的是未知的数据值。空值是互不相同的，数据库中没有两个相等的空值；空值也不是随意被设定的，有的列值允许为空值，有的则不允许。例如，学号和课程号不可以为空值，但成绩可以为空值。

（2）结构约束

结构约束就是对数据之间联系的约束，这种联系既存在于数据库同一关系的不同属性之间，也存在于不同关系的属性之间。常见的结构约束有以下几种。

①函数依赖约束。数据依赖是数据的一种内在性质，在数据依赖中最重要的就是函数依赖，而函数依赖约束就是对函数依赖的一种约束条件，它表明了在同一关系中不同属性之间应满足的约束条件。实际上，大部分的函数依赖约束并不是直接表现出来的，它一般隐含于关系模式结构中。对于一些规范化程度较高的关系模式，函数依赖也会更加深入。

②参照完整性约束。函数依赖约束表明了同意关系中不同属性之间的约束条件，而参照完整性约束则表明了不同关系属性之间的约束条件，通俗来讲就是在被参照关系中，外部键的值应与主键值相对应，或者可以取空值。

③统计约束。它规定了某个属性值与关系多个元组的统计值之间必须满足某种约束条件。

④实体完整性约束。它规定了关系主键属性列的唯一性，其值不能为全空或部分为空。

2. 静态约束和动态约束

（1）静态约束

静态约束指的是当数据库处于一个确定及稳定的状态时，数据对象应该符合的约束条件。这是一种静态的合理约束，也是最重要的一类完整性约束。前文介绍的关于值的约束和结构约束均属于静态约束。

（2）动态约束

动态约束指的是数据库中的数据产生变动时，即当修改某个元祖值需要对旧的数据库状态向新的数据库状态改变时，数据对象应该符合约束条件，这是一种动态的平衡约束。例如，学生年龄在更改时只能增长，职工工资在调整时不得低于其原来的工资。

四、保证数据完整性的方法

（一）保证数据完整性的措施

数据库的完整性对于数据库应用非常重要，在平时的数据操作过程中，我们难免会在数据输入或输出时出现失误，造成数据的破坏或表间数据的不一致，因此，如何保证数据的完整性，找到保证数据完整性的措施是非常有必要的。

在现代科技中，容错技术可以有效解决破坏数据完整性的问题，它基于数据库的正常系统，通过软件或硬件的冗余来减小故障，从而使数据库系统自动回复或能够安全停机。也就是说，容错是以牺牲软硬件成本为代价达到保证系统的可靠性，如双机热备份系统。

目前容错技术将向以下方向发展：应用芯片技术容错；软件可靠性技术；高性能、高可靠性的分布式容错系统；综合性容错方法的研究等。

（二）容错系统的实现方法

1. 空闲备件

空闲备件是指在系统中配置一个处于空闲状态的备用部件，它是提供容错的一条途径。当原部件出现故障时，该部件就取代原部件的功能。该容错类型的一个简单例子是将一个旧的低速打印机连在系统上，但只在当前使用的打印机出现故障时再使用该打印机，即该打印机就是系统打印机的一个空闲备件。

空闲备件在原部件发生故障时起作用，与原部件不一定相同。

2. 负载平衡

负载平衡就是将负载分摊到多个处理器中，使其达到平衡的状态。一般来说，负载平衡的方式是将一项任务分为两个部件来承担，这样就算其中的一个部件出现了问题，另一个部件也能承担全部的负载。这种方法常见于双电源的服务器系统中，避免了电源故障的突发问题。

网络系统中常见的负载平衡是对称多处理。在对称多处理中，系统中的每一个处理器都能执行系统中的任何工作，即这种系统努力在不同的处理器之间保持负载平衡。正是由于这种原因，对称多处理具有在 CPU 级别上提供容错的能力。

3. 镜像

镜像技术是一种在系统容错中常用的方法。在镜像技术中，两个等同的系统完成相同的任务。如果其中一个系统出现故障，另一个系统则继续工作。这种方法通常用于磁盘子系统中，两个磁盘控制器可在同样型号磁盘的相同扇区内写入相同的内容。NetWare 系统的影象平滑（SFT）Ⅲ就是一个典型的镜像技术，镜像要求两个系统完全相同，且完成同一个任务。

4. 冗余系统配件

冗余系统配件是指在系统中增加一些冗余配件，以增强系统故障的容错性。通常增加的冗余系统配件有电源、I/O 设备和通道、主处理器等。

5. 冗余存储系统

最常用的冗余存储系统有磁盘镜像和磁盘冗余阵列（RAID）。

（1）磁盘镜像

①磁盘镜像。磁盘镜像支持在主机的一个硬盘通道上连接两块硬盘，一个为原盘，另一个为镜像盘。当主机写原盘时，同时也写了镜像盘，并对两个盘

表面进行写后读验证。如果工作中原盘出现故障，镜像盘则自动承担原盘工作，数据不会丢失，系统也不会中止工作。

②磁盘双工。磁盘镜像是用一个通道连接两个硬盘，而磁盘双工则是由两个通道带两个硬盘。这样，当一个硬盘驱动器或通道控制器出现故障时，能使用另一个通道上的硬盘而不影响系统的运行。同时，系统发出警告，促使磁盘双工保护措施尽快地得到处理。

（2）RAID

RAID，简称磁盘阵列，可采用硬件或软件的方法实现。磁盘阵列由磁盘控制器和多个磁盘驱动器组成，由磁盘控制器控制和协调多个磁盘驱动器的读、写操作。根据使用的 RAID 级别，一个数据文件可以采取不同的方式写入多个磁盘，从而提高性能。RAID 是一种能够在不经历任何故障时间的情况下更换正在出错的磁盘或已发生故障的磁盘的存储系统，它是保证磁盘子系统非故障时间的一条途径。

第五节　数据备份与恢复

一、数据的备份

（一）数据备份的概念

当系统出现操作失误或者系统故障时，如果不对数据库中的数据进行提前保存或者及时的转移，一些重要的数据就会随之丢失，并且很难再恢复。因此，为了解决这一问题，人们会采用将系统中的数据从应用主机的硬盘或阵列复制到其他存储介质的办法，以保证数据的安全，而这个将数据进行转移的过程就称为数据的备份。被备份的数据通常是在计算机以外的地方进行保管，这样，当计算机系统设备发生故障或发生其他威胁数据安全的灾害时，能及时地从备份的介质上恢复正确的数据。

数据备份能够令丢失重要数据的系统在很短时间内重新获得数据并恢复正常运行，因此，在数据备份的过程中，备份数据与源数据必须保持绝对的一致性和完整性，防止因为数据的差异而造成系统新的故障。要想解决这一问题，需要从系统的可用性方面着手。系统的可用性提高，即使再次出现故障，系统也不会受到干扰，继续正常运行。

对于系统恢复来说，数据备份是必不可少的操作步骤，因为任何系统的恢复都是建立在备份基础上的，没有数据，系统的恢复就是天方夜谭。数据备份和恢复系统通过将计算机系统中的数据进行备份和脱机保存后，当系统中的数据因任何原因丢失、混乱或出错时，即可将原备份的数据从备份介质中恢复系统，使系统重新工作。数据备份与恢复系统是数据保护措施中最直接、最有效、最经济的方案，也是任何计算机信息系统不可缺少的一部分。

数据备份能够用一种增加数据存储代价的方法保护数据安全，它对于拥有重要数据的大中型企事业单位是非常重要的，因此数据备份和恢复通常是大中型企事业单位的网络系统管理员每天必做的工作之一。对于个人计算机用户，数据备份也是非常必要的。

（二）数据备份的类型

1. 按数据库状态分类

（1）冷备份

当数据库处于关闭的状态时对数据库进行的完全备份被称为冷备份。冷备份可以备份数据文件、控制文件、联机日志文件等内容，但是由于数据库处于关闭的状态，它通常只能进行完全备份，也正是如此，在进行冷备份时数据库将不能被访问。

（2）热备份

当数据库处于运行的状态时对数据库中的数据文件和控制文件进行备份的操作被称为热备份。热备份与冷备份最大的不同就是数据库所处的状态完全相反。冷备份时，数据库是关闭的状态；热备份时，数据库则处于运行状态。因此，在进行热备份的同时可以进行正常数据库的各种操作。

（3）逻辑备份

逻辑备份相较于前两种备份来说是最简单的备份方法，冷备份和热备份属于物理备份，也就是说能够实现数据库的完整恢复，而逻辑备份则不能实现。逻辑备份虽然也对原文件进行备份，但所备份的文件与原文件的格式是不同的，只是原文件中数据内容的映像，因此，只能用来对数据库进行逻辑恢复也就是数据的导入。

2. 按备份工具分类

（1）本地磁带备份

本地磁带备份是指利用大容量磁带备份数据。

（2）本地可移动存储器备份

本地可移动存储器备份是指利用大容量等价软盘驱动器、可移动等价硬盘驱动器、磁性可刻录光盘驱动器、可重复刻录光盘驱动器进行数据备份。

（3）本地可移动硬盘备份

本地可移动硬盘备份是指利用可移动硬盘备份大量的数据。

（三）数据备份方式

1. 完全备份

完全备份是当今较为流行的备份方式之一，其操作方法就是直接将计算机或系统中的文件全部拷贝出来，具有简单、方便、安全的特点。为系统进行完全备份，就好像为系统上了一层安全保险，即使系统的数据突然丢失，只需要找到前一天的完全备份就能很快将数据进行恢复，甚至是一次性完成。

完全备份虽然能够保障数据的完整性，但是它需要用户每天都要花费一定的精力对系统进行备份，并且在备份过程中，备份的内容也会产生重复，不仅花费了大量的时间，还浪费了大量的磁带空间，最后导致用户成本的增加。因此，完全备份不适用于那些业务繁忙、备份时间有限的用户。

2. 增量备份

由于完全备份需要消耗的时间、资源、精力都很多，由此就产生了一种相对简化的备份方式——增量备份。增量备份是指备份时不会备份所有的数据内容，只对前一次备份的备份内容中增加或修改的部分进行备份，也就是说备份的主要内容是更新过的数据。有了增量备份，备份的效率有了很大程度上的提高，不仅减少了备份介质储存空间的浪费，还减少了备份人员时间和精力上的浪费。增量备份虽然对于数据备份的时间和空间有了较大的改善，但是它在数据恢复过程中也存在不足，即不能一次性地完成整体的恢复。

3. 差别备份

差别备份与增量备份非常相似，都是在完全备份的基础上对新更新或修改的数据进行备份。但是二者不同的是，差别备份会将前一次完全备份后更新的数据进行再次备份，也就是说如果在星期日进行了一次完全备份，差别备份会在剩余六天的每一天中，备份与完全备份不同的数据。差别备份可节省备份时间和存储介质空间，只需两盘磁带（星期日备份磁带和故障发生前一天的备份磁带）即可恢复数据。差别备份兼具了完全备份发生数据丢失时恢复数据较方便和增量备份节省存储介质空间及备份时间的优点。

4. 按需备份

除了以上的备份方式，还存在一种灵活性较高的备份方式——按需备份。按需备份并不对所有的数据都进行备份，它只备份需要备份的数据。例如，计算机系统中缺少了几份文件或重要的数据，但是大部分的数据都存在，这时采取按需备份的方式对计算机系统中需要的信息进行相应的备份，就可以达到实际的需求目标。按需备份的方式在实际中经常遇到，它可弥补冗余管理或长期转储的日常备份的不足。

5. 不同备份方式之间的比较

当备份数据较大时，完全备份需要占用大量的时间以及存储空间，并且不能保证每天都能完成完全备份，因此，需要采用增量备份或差别备份的方式。

当进行数据恢复时，由于增量备份备份的是相较于完全备份时期增加或修改的数据，因此不能一次性地完成整体性恢复，数据恢复过程比较麻烦，因此应当采用完全备份的方式。

在实际备份应用中，用户应该根据备份内容的实际情况，灵活地对备份方式进行选择，既可以采取单一的备份方式，也可以采取几种方式相互结合的方法。

二、数据的恢复

（一）数据恢复的定义

数据恢复是将备份后的数据重新恢复到计算机系统的过程，通俗来讲就是数据备份的反过程。进行数据恢复是有前提条件的，一般分为三种情况：第一种情况为计算机硬盘遭到破坏时，需要进行数据恢复；第二种情况为需要查询的以往数据被清除时，需要进行数据恢复；第三种情况为需要将某一台计算机的数据转换到另一台计算机时，需要进行数据恢复。数据恢复在数据安全中占据着非常重要的地位，这一操作能帮助经历灾难的计算机系统重新恢复到正常运行的状态，保障计算机的安全。

（二）数据恢复的类型

一般来说，数据恢复操作比数据备份操作更容易出问题。数据备份只是将信息从磁盘复制出来，而数据恢复则要在目标系统上创建文件。在创建文件时会出现许多差错，如超过容量限制、权限问题和文件覆盖错误等。数据备份操作无须知道太多的系统信息，只需复制指定信息即可；而数据恢复操作则需要知道哪些文件需要恢复，哪些文件不需要恢复等。数据恢复操作通常可分为三类：全盘恢复、个别文件恢复和重定向恢复。

1. 全盘恢复

将所备份的数据信息全部恢复到其原来的储存位置上的恢复就是全盘恢复。一般需要进行全盘回复的情况有计算机系统崩溃、服务器发生意外灾难导致数据全部丢失、系统重组等。

2. 个别文件恢复

需要将某些文件恢复到原来储存位置上的恢复被称为个别文件恢复，这些文件大都为原来文件的最新版，在文件恢复中是比较常用的恢复操作之一，具有简单、方便的特点。进行个别文件恢复的步骤：首先在备份数据库或目录中找到需要回复的文件或数据，然后启动恢复功能，这时系统会自动驱动存储设备进行相应存储媒体的加载，最后指定的个别文件恢复成功。

3. 重定向恢复

重定向恢复与前两种恢复操作不同，它是将备份的文件恢复到与原来位置不同的操作，其所面对的对象既可以是整个系统也可以是个别的文件。在进行重定向回复时要进行慎重的思考，保证文件或数据在回复后能够可用。

第六节 网络备份系统

一、单机备份和网络备份

（一）单机备份

数据备份对使用计算机的人来说并不陌生，每个人都可能曾经做过一些重要文件的备份。早期的数据备份通常是采用单个主机内置或外置的磁带机或磁盘机对数据进行冷备份。这种单机式备份的特点是数据量小、操作系统简单、服务器数量少，是一种既经济又简单实用的备份手段。

但随着网络技术的发展和广泛应用，如今的数据量呈现爆炸性增长的态势，只依赖单机备份的方式越来越不适应现在的网络系统环境，逐渐产生了诸多问题，其具体表现如下所示。

①难以实现数据库数据的高效热备份。

②备份时不能缺少维护人员，工作效率低。

③存储介质管理难度大。
④数据丢失现象难以避免。
⑤灾难给系统重建和业务数据运作带来困难。
⑥数据分散在不同机器、不同应用上，管理分散，安全得不到保障。

（二）网络备份

网络系统备份是一种以服务器为核心设备，以实现自动跨越整个系统网络平台为要求的备份方式，它不仅可以备份系统中的数据，还可备份系统中的应用程序、数据库系统、用户设置、系统参数等信息。有了网络备份，计算机可以实现迅速恢复整个系统的要求。

在备份过程中，如果只管理一台计算机，进行单机备份，那么备份起来就很简单，但如果管理多台计算机或一个网段，甚至整个企业网，备份就是一件非常复杂的事情。网络系统备份具有全方位、多层次的特点，但并非所有情况下都要备份系统信息，有些应用只需将系统中的重要数据进行备份即可，也就是说，只需要进行数据备份就可以了。

数据备份的核心是数据库备份，市面上的大部分数据库系统均有自己的数据库备份工具，但它们不能实现自动备份，只能将数据备份到磁带机或硬盘上，而不能驱动磁带库等自动加载设备。采用具有自动加载功能的磁带库硬件产品与数据库在线备份功能的自动备份软件，即可满足用户的要求。目前流行的备份软件都具有自动定时备份管理、备份介质自动管理、数据库在线备份管理等功能。

理想的备份系统应该是全方位的、多层次的。比如，使用网络存储备份系统和硬件容错相结合的方式，就可以恢复由于硬件故障、软件故障或人为错误造成的数据损坏。这种结合方式构成了对系统软硬件的多级保护，既可以防止物理损坏，又能较好地防止逻辑损坏。网络备份系统的功能是尽可能快地全面恢复运行计算机系统所需的数据和系统信息。网络备份系统对整个网络的数据进行管理。网络备份系统既要能在由于系统或人为故障造成系统数据损坏或丢失后，可及时地实现数据的恢复，又要能在发生地域灾难时及时地在本地或异地实现数据及整个系统的灾难恢复。

二、网络备份系统的组成

网络备份系统可实现备份和恢复两个过程。前者就是利用工具将目标备份到存储设备机中；后者是利用工具将存储设备中的数据恢复到目标中。所有的数据可以备份到与备份服务器或应用服务器相连的一台备份介质中。一个网络备份系统由目标、存储设备、工具和通道四个部分组成。

（一）目标

目标是指被备份或恢复的系统。一个完整的自动备份系统，在目标中都要运行一个备份客户程序。该程序允许以远程的方式对目标实施相应的文件操作，这样就可以实现集中式、全自动备份的功能。

（二）存储设备

存储设备就是备份的数据被保存的地方，通常为磁带、磁盘等。存储设备既可以在一台机器中，也可以在不同的机器中。

（三）工具

工具是执行备份或恢复任务的系统。工具提供一个集中管理控制平台，管理员可以利用该平台去配置整个网络备份系统。

（四）通道

通道是指将存储设备与网络计算机连接在一起的线路和接口等，其作用就是作为目标、工具与存储设备之间的逻辑通路，为备份数据或恢复数据提供通道。

一个完整的网络备份系统组成可包括备份计划、备份管理及操作员、网络管理系统、主机系统、目标系统、工具系统、存储设备及其启动程序、I/O通道和外围设备等。

三、网络备份系统方案

（一）备份硬件

1. 硬盘备份

硬盘备份是备份硬件的方式之一，它采用数据拷贝的方法将系统中的数据复制到硬盘中，从而达到数据存储的目的。硬盘存储在所有存储方式中，其安全性是最可靠的，但是在备份介质方面，其要求却非常严格，费用也非常昂贵，尤其是一些大容量的数据备份，采用硬盘备份的方式并不是最佳的选择。

2. 光学介质备份

光学介质备份与硬盘备份方式相比在经济性上有了很大的突破，可以储存比硬盘更多的文件数据，并且能够实现较长时间的保存。但是光盘备份的容量有限，遇到大容量数据备份情况时，需要准备较多的光盘介质，不能保证百分之百的数据整体可靠性。另外，在备份完成后，也需要花费更多的访问时间，所以，这种方式也不适合大容量的数据备份。

3. 磁带/磁带机备份

磁带/磁带机备份采用的是磁带/磁带机技术，能够为系统数据恢复提供一定的容错性解决方案，也是网络备份系统方案中较为常用的硬件备份方式之一。磁带/磁带机备份相对于硬盘存储来说，不仅也能存储大量的数据信息，还能实现数据的长久保存，配置相对灵活；而它相对于光学介质备份来说，访问速度相对适中，数据安全性也较高。因此，磁带备份才是大容量网络备份用户的首选。

（二）备份软件

对于备份软件，需要考虑的因素有以下两方面。

一方面是对备份软件的形式划分。一般来说，软件备份有两种备份形式，其中一种通过操作系统软件内部附带的备份功能进行备份，而另一种通过各备份厂商提供的专业备份软件进行备份。

另一方面是对备份软件功能的选择。通常情况下，备份软件的功能越齐全，恢复损坏的系统越有效果，受到用户的欢迎程度也越高。一个较好的软件备份不仅需要较高的自动化程度、良好的扩展性、灵活的使用功能，还应尽量满足在不同的网络数据平台中拥有数据保护、系统恢复以及病毒防护等方面的支持。

（三）备份计划

备份计划是针对防止数据出现突然丢失的情况而进行的准备工作，这也是灾难恢复的先决条件。备份计划所规划的内容主要包括备份的方式、备份的介质、备份的时间、备份的具体细则等，其中对备份方式的选择是非常重要的，用户需要根据实际的备份需要对备份方式进行选择，必要时还可采取不同备份方式相互组合的方式进行。一份合理全面的备份计划能够有效解决和保障数据的丢失问题，因此，在日常备份工作中，要严格按照备份计划来执行，如果备份过程中出现了纰漏，就难以达到备份的目的。

（四）灾难恢复计划

灾难恢复指的是系统发生灾难（数据丢失、系统崩溃等）后进行数据恢复和系统重组的过程，而灾难恢复计划就是这一过程总的规划方案。灾难恢复计划的好坏关系到系统、软件、数据等在经历灾难后能否实现快速、准确的恢复，因此，它在备份环节中占据着相当重要的地位。截至目前，各大厂商已经推出了能够进行一键恢复的磁带机，用户只需要用系统盘引导机器启动，将磁带插入磁带机，按动一个按键即可恢复整个系统，这对计算机系统、软件以及数据的恢复有着重要的意义。

第七章 网络防火墙技术

随着互联网的日益普及，越来越多的企事业单位开始通过互联网发展业务和提供服务。但是互联网在为人们提供方便的同时，由于其自身的开放性，也带来了潜在的安全威胁。这些安全威胁打击了人们对互联网的信心。如何为网络提供尽可能强大的安全防护成为人们关注的焦点。在这种情况下，防火墙进入了人们的视野。本章分为网络防火墙概述、网络防火墙的管理与维护以及网络防火墙的发展趋势三部分，主要包括：网络防火墙的功能、网络防火墙的设计、网络防火墙的日常管理、网络防火墙的系统维护等方面的内容。

第一节 网络防火墙概述

一、网络防火墙的概念

在古代，人们使用木质结构建造房屋时，为了防止发生火灾甚至蔓延，人们将石头堆砌在房屋周围当作屏障，这种屏障就是防火墙。到了现代，人们沿用了防火墙的概念，运用防火墙来保护计算机系统中的敏感数据，避免遭到篡改或窃取，这种防火墙是由计算机系统构成的。

随着互联网的不断发展，人们对计算机的应用越来越普遍，但各种计算机入侵攻击手段也相继出现。为了保护计算机系统的安全，人们开发出了一种防御系统，即防火墙，将其置于用户计算机和外界网络之间，所有经过计算机的数据都要由防火墙进行判断后才能交给计算机，如果发现有害数据，防火墙会及时进行拦截，从而保护计算机安全。

从狭义角度来讲，防火墙是指安装防火墙软件的路由器或主机；从广义角度来讲，防火墙还包括整个网络的安全策略与安全行为。可以说，防火墙是一个分析器、限制器以及分离器，能够监控内部网络与外部网络的活动，确保内部网络的安全。防火墙有很多形式，可以以硬件形式单独出现，也可以以软件形式运行在计算机上，还可以以固件形式设计在路由器中。

防火墙是一种有效的网络安全机制。防火墙设置的主要目的是保护一个网络不受到其他网络的攻击。一般情况下，被保护的网络是自己的或负责管理的，而需要防备的是外部网络。外部网络不可信赖，可能会有人通过外部网络对内部网络进行攻击，破坏网络安全，因此防火墙技术得到了广泛应用。为了让防火墙充分发挥作用，所有去往和来自外部网络的信息都应该经过防火墙，接受防火墙的检查。通过防火墙检查的数据，才能够进入内部网络。防火墙本身应该能够免于渗透，一旦防火墙被入侵者突破，就不能提供保护了。

下面说明与防火墙有关的概念。

主机：与网络系统相连的计算机系统。

堡垒主机：该计算机系统是内部网络的主要连接点，但同时又暴露给外部网络，因此很容易被攻击，必须严加保护。

双宿主主机：具有两个网络接口的计算机系统。

包：互联网通信的基本信息单位。

路由：对收到的数据包选择正确的接口并转发的过程。

数据包过滤：计算机系统对出入内部网络的数据包根据既定规则进行控制和操作。大多是对外部网络进入内部网络的数据包进行过滤。用户可以设定规则，指定哪些数据包可以出入内部网络。

外部网络（外网）：防火墙之外的网络，一般为互联网，默认为风险区。

内部网络（内网）：防火墙之内的网络，一般为局域网，默认为安全区。

参数网络：又称"非军事区"，即 DMZ（Demilitarized Zone），是在内部网络和外部网络之间添加的一个网络，以提高安全控制。

代理服务器：代表内部网络用户和外部网络服务器进行交换的计算机（软件）系统，将经过审查的内部用户需求传递到外部网络服务器，并将外部网络服务器的响应传送给用户。

网关：也叫协议转换器，是在网络层上一个网络连接到另一个网络的关口，以实现网络互联。

二、网络防火墙的特性

一个优秀的防火墙系统应该具有以下几方面的特性。

第一，任何经过内部网络和外部网络之间的数据都必须经过防火墙。这是防火墙所处位置的特性，也是前提。只有当内部网络与外部网络的唯一通信通道是防火墙时，才能更有效地保护内部网络。

第二，只有防火墙中安全策略允许的数据，即被授权的合法数据，才能通过防火墙。防火墙首先要确保网络流量的合法性，然后将网络流量快速地从一条链路转到另外的链路上。通常防火墙具有两个网络接口和两个网络层地址，将网络流量通过网络接口进行接收、上传，在协议层进行安全审查，将通过审查的报文从网络接口送出，阻断不能通过审查的报文。从这个角度来看，防火墙跨接在多个网段之间，在报文转发过程中进行报文审查。

第三，防火墙不受各种攻击的影响。防火墙之所以能够防护内部网络安全，是因为其具有强大的抗攻击能力。防火墙位于网络边缘，与边界卫士相似，随时都可能遇到黑客的攻击，因此，防火墙应该具备足够的抗入侵能力。防火墙系统所具有的完整信任关系的操作系统是其具有强大本领的原因。此外，防火墙还应该具有较低的服务功能，除专门的防火墙嵌入系统外，没有其他程序在防火墙上运行，但这种安全性是相对的。

第四，一个优秀的防火墙应使用最先进的信息安全技术。

第五，防火墙应该人机界面良好，用户便于使用且便于管理，管理员能够便捷地设置防火墙。

第六，通常情况下，防火墙安装在内部网络和外部网络的连接点上进行访问控制。防火墙既是堡垒主机、路由器以及其他网络安全设备的组合，还是安全策略的一部分。

安全策略应告诉用户应有的责任、用户认证、数据加密、病毒防护措施等。任何可能受到网络攻击的地方都应该进行安全保护，不能单纯设置防火墙系统而没有全面的安全策略。

三、网络防火墙的目的

①限制访问者进入一个被控制的点。
②限制访问者离开一个被控制的点。
③防止攻击者接近设备。
④检查、过滤、筛选、屏蔽信息流中的有害信息。

四、网络防火墙的功能

简单而言，防火墙是位于内部网络和外部网络之间进行访问控制的设备，防止未授权用户访问内部网络，并保证内部网络安全运行。可以说，在进入防火墙后，内部网络和外部网络的划分边界是由防火墙决定的，应该确保内部网络与外部网络之间的通信要经过防火墙，同时还要确保防火墙自身的安全。具体而言，网络防火墙应该具有以下功能。

（一）网络安全的屏障

防火墙为内部网络建立了一个安全屏障，它通过安全审查，筛选出可疑数据来降低风险，提高内部网络的安全性。只有通过安全审查的数据才能经过防火墙，禁止不安全的协议进入内部网络。

（二）强化网络安全策略

可以设定以防火墙为中心的安全方案，将所有的安全功能都配置到防火墙上，如身份认证、口令、加密、审计等。与分散式安全管理相比，防火墙的安全管理更为集中、经济。例如，在网络访问时，身份认证系统和密钥密码系统只需要集中在防火墙上，而不必分散在各个主机上。

（三）监控网络访问和存取

任何通过内部网络的访问都必须经过防火墙，防火墙通过日志记录这些访问。一旦发生可疑情况，防火墙应该立即告警，并提供探测和攻击信息。另外，防火墙还需要收集网络的使用情况和误用情况，并提供网络使用情况的统计数据。统计数据的目的是为了了解防火墙能否抵御入侵者的探测和攻击，了解防火墙对网络访问的控制是否全面，分析网络需求和网络威胁。

（四）防止内部信息外泄

根据防火墙对内部网络的划分，隔离内部网络中的重点网段，以免出现敏感或局部重点的网络安全问题，进而影响全局网络。内部网络非常关注隐私问题，要避免内部信息外泄。内部网络中一个不引人注意的细节也可能包含有关安全的信息，暴露内部网络中的安全漏洞，进而引起入侵者的注意。通过防火墙可以隐蔽那些透漏内部网络细节的服务。

（五）安全策略检查

防火墙是网络上的一个安全检查，对来自外部的网络进行检测和报警，并将检查出来的可疑访问拒之网外。

五、网络防火墙的分类

（一）按物理特性分类

根据物理特性可以将防火墙划分为软件防火墙、硬件防火墙以及芯片级防火墙。

1. 软件防火墙

软件防火墙运行在特定的计算机系统上，需要预先安装好计算机操作系统。可以说，这台计算机就是整个网络的网关。与其他软件产品相同，软件防火墙也需要在计算机上进行安装和配置才能使用。

2. 硬件防火墙

目前市场中大多数防火墙都是硬件防火墙，其基于 PC 架构，在 PC 架构计算机上运行一些经过简化和裁剪的操作系统。硬件防火墙会受到操作系统本身安全性的影响。一般情况下，传统硬件防火墙至少具有三个端口，用来连接内部网络、外部网络以及 DMZ 区。新型硬件防火墙拓展了端口。常见的四端口防火墙通常将第四个端口作为配置端口或管理端口。许多防火墙都可以进一步拓展端口数目。

3. 芯片级防火墙

芯片级防火墙基于专门的硬件平台，没有操作系统。专有的 ASIC 芯片让芯片级防火墙比其他类型的防火墙处理能力更强，速度更快，性能更高。芯片级防火墙的漏洞较少，价格相对昂贵。

（二）按部署位置分类

根据防火墙的部署位置，可以将其划分为边界防火墙、个人防火墙以及混合式防火墙。

1. 边界防火墙

边界防火墙的类型较为传统，设置在内部网络和外部网络的边界处，隔离内部网络和外部网络，从而保护内部网络。边界防火墙一般为硬件型，性能较好，价格相对高昂。

2. 个人防火墙

个人防火墙安装在单台主机中，防护单台主机。个人防火墙通常为软件型，性能较差，价格便宜。

3. 混合式防火墙

混合式防火墙又称嵌入式防火墙或分布式防火墙,由若干个硬件和软件组成,分布在内部网络、外部网络边界以及内部网络的各个主机之间,是一整套防火墙系统。混合式防火墙不仅能过滤内部网络和外部网络之间的通信,还能过滤内部网络中各个主机之间的通信。它属于最新的防火墙技术之一,性能最好,价格也最贵。

(三)按具体实现分类

按具体实现可将防火墙分为多重宿主主机防火墙、筛选路由器防火墙、屏蔽主机防火墙、屏蔽子网防火墙。

1. 多重宿主主机防火墙

多重宿主主机防火墙是放置在内部网络与外部网络接口上的一台堡垒主机。多重宿主主机应该至少具有两个网络接口,一个连接内部网络,另一个连接外部网络。内部网络和外部网络之间的通信可以通过多重宿主主机上的应用层数据共享或代理服务来进行。多重宿主主机的安全性较高。多重宿主主机主要包括双重宿主主机与双重宿主网关两种类型。

(1)双重宿主主机

一个双重宿主主机系统拥有两个不同的网络接口,分别用于连接内部网络和外部网络。内部网络和外部网络之间不能够直接通信,只可以通过双重宿主主机进行连接。双重宿主主机用于在内部网络和外部网络之间进行寻址,并通过其上的共享数据服务提供网络应用。

双重宿主主机十分重要,但维护起来十分困难。双重宿主主机要求用户通过账号和密码登录到主机上,才能为用户提供服务;要求主机拥有强大的安全性;要求主机能支持多个用户的访问需求,为用户提供多种服务,具有较高的性能;要求管理主机上的大量用户账号。

(2)双重宿主网关

双重宿主网关通过运行代理服务器来提供网络服务,主机的路由功能被禁止。当内部网络的主机想访问外部网络时,需要经过代理服务器的认证后,才能通过代理服务器访问外部网络。双重宿主网关虽然通过代理服务器解决双重宿主主机在账号管理方面的弊端,但从结构体系上来说并没有发生变化。代理服务器的服务响应速度要慢于数据共享,灵活性较差。

2. 筛选路由器防火墙

筛选路由器又叫作筛选过滤器、IP过滤器、包过滤路由器、网络层防火墙，主要通过安放在内部网络与外部网络之间的路由器来实现。筛选路由器对内部网络中的信息进行分析，并根据既定信息过滤规则过滤进入内部网络的信息，允许授权信息通过，拒绝非授权信息通过。

筛选路由器的优点是实现简单、速度快和服务透明等；其缺点是安全性较低、维护与管理相对困难等。筛选路由器只适用于非集中化管理、网络主机数目较少以及无强大集中安全策略的组织或机构。

3. 屏蔽主机防火墙

屏蔽主机防火墙由内部网络与外部网络之间的一台堡垒主机和一台过滤路由器构成。屏蔽主机强迫所有的外部主机连接堡垒主机，但拒绝外部主机直接连接内部主机。为此，过滤路由器将所有的外部主机到内部主机的连接都路由到堡垒主机上，使外部网络对内部网络的访问都通过堡垒主机提供的代理服务器进行。内部网络对外部不可信的网络连接可以绕过堡垒主机，直接通过过滤路由器连接，但一些服务必须通过堡垒主机的代理服务器连接。屏蔽主机防火墙的优点是提供网络层的包过滤服务和应用层的代理服务，具有较高的安全性；其缺点是服务响应速度慢，管理和维护较为复杂等。

4. 屏蔽子网防火墙

屏蔽子网防火墙在本质上与屏蔽主机相同，对网络安全的防护是通过两台过滤路由器和两台包过滤路由器之间的子网，即非军事区来实现。在非军事区中，可以安放堡垒主机，还可以安放公用信息服务器。与外部网络相连的过滤路由器只允许外部主机访问非军事区内的堡垒主机或公用信息服务器。与内部网络相连的过滤路由器只接受通过堡垒主机的数据包。禁止内部网络与外部网络之间进行直接连接。与上述几种防火墙相比，屏蔽子网的安全性较高，但由于要经过多级主机与路由器，管理与维护较为复杂，网络服务性能下降。

此外，还有其他结构的防火墙，但都是上述几种结构的变形，包括一个堡垒主机与一个非军事区、两个堡垒主机与一个非军事区、两个堡垒主机与两个非军事区等，都是通过增加检测层来提高防火墙的安全性。

（四）按工作方式分类

按工作方式可将防火墙分为包过滤防火墙、应用代理防火墙、状态检测防火墙。

1. 包过滤防火墙

通常情况下，包过滤防火墙中的包过滤器安装在路由器上，工作在网络层。包过滤防火墙基于单个包进行网络控制，将数据包中的源地址、源端口号、目的地址、目的端口号、协议类型等内容，与用户制订的访问控制进行对比，分析数据内容是否符合安全策略，然后决定转发或者丢弃数据包。包过滤防火墙允许内部网络直接访问外部网络，但外部网络不能直接访问内部网络。在互联网上提供某些特定服务的服务器都使用较为固定的端口号。路由器在设置包过滤规则时，允许某些端口号交换数据包或者阻断数据包。包过滤防火墙的优点是实现简单、速度快、服务透明、对网络性能影响小；其缺点是过滤规则较为复杂、较难管理和维护、缺乏用户日志、缺乏审核管理、缺乏用户认证机制。

2. 应用代理防火墙

包过滤型防火墙与应用代理型防火墙采用完全不同的技术。应用代理防火墙工作在七层模型的最高层应用层上，它为每一种服务都建立了一个代理，阻断了网络访问的数据流。内部网络和外部网络之间需要经过代理审核后才能转发，禁止进行直接服务连接。应用代理防火墙工作在应用层上，能够监控网络连接的深层内容，禁止内部网络和外部网络直接连接，实现内部网络与外部网络的相互屏蔽，防止数据驱动类型的攻击。但是应用代理防火墙的速度较慢，当数据吞吐量较大时，防火墙就会成为瓶颈。

3. 状态检测防火墙

传统包过滤防火墙具有两方面的问题：一个是数据吞吐量较大时，防火墙不能承担重荷；另一个是对数据包进行过滤时，不能提供全局的安全信息。状态检测防火墙解决了这两个问题。

状态检测防火墙将网络连接在不同阶段的表现定义为状态，状态的改变表现为连接数据包不同标志的参数变化。状态检测防火墙既能依据既定规则检测数据包，还能依据状态变化检查数据包之间的关联性，该部分内容记录在状态连接表中。根据状态的定义以及关联性，防火墙勾勒出安全策略允许的网络状态迁移包线。一旦网络访问超出包线，防火墙就会阻断网络访问，并提供告警。状态检测防火墙既对数据包进行过滤检查，还根据会话状态的迁移提供完整的对传输层的控制能力。状态检测防火墙通过采用各种优化策略，能有效提高防火墙的安全性能。

(五)按保护对象划分

按保护对象可将防火墙分为单机防火墙和网络防火墙。

1. 单机防火墙

单机防火墙主要防护单台主机网络访问的安全。一般情况下,单机防火墙安装在主机的硬盘中,以软件形式存在,也有网卡形式的防火墙。受主机性能的限制,单机防火墙的性能较低。

2. 网络防火墙

网络防火墙主要保护相应网络的安全。一般情况下,网络防火墙为软件和硬件相结合的形式,但也存在纯软件形式的防火墙。网络防火墙位于内部网络与外部网络的连接点,性能高于单机防火墙。

(六)按使用者划分

按使用者可将防火墙分为企业防火墙和个人防火墙。

1. 企业防火墙

企业防火墙主要为企业提供网络访问的安全控制服务。依据企业的安全要求,企业防火墙会提供更多的功能。例如,为了提高客户访问企业网络的速度,提高应对客户的效率,要求防火墙支持千兆速转发;为了提高企业合作方信息交流的安全性,要求防火墙支持虚拟专用网络(VPN);为了确保企业权益,要求防火墙过滤企业内部网络的数据。企业防火墙的功能发展与企业要求直接相关。

2. 个人防火墙

个人防火墙主要为个人计算机提供网络访问的安全防护。个人防火墙与单机防火墙实质相同。

六、网络防火墙的设计

(一)网络防火墙的设计要求

从网络安全角度出发,防火墙的设计应满足以下几点要求。

第一,防火墙应该是若干构件组成,从而形成具有一定冗余度的安全系统,防止成为单失效点。

第二,防火墙能够监控和审计网络通信,抵御黑客的攻击。

第三，如果系统失效、重启或崩溃等，应该由防火墙来控制网络的接口，阻断内外网络的连接，以免攻击者攻击。

第四，防火墙应该提供强制认证服务。任何对内部网络的访问都要经过防火墙的认证检查。

第五，防火墙应该保护内部网络，隐藏内部网站的地址和内部网络的拓扑结构，发挥屏蔽作用。

（二）网络防火墙的设计准则

安全策略是防火墙设计的基础和灵魂。通常情况下，防火墙的设计应该遵循以下设计准则。

第一，禁止一切未经允许的访问。防火墙阻断所有的信息流，然后根据希望开放的服务逐步开放。这种方法能够形成一个十分安全的网络环境，但用户的服务范围会受到限制。

第二，允许一切未被禁止的访问。防火墙开放所有的信息流，然后逐步屏蔽有害的服务。这种方法能够形成一个比较灵活的环境，但较难提供安全可靠的保护，尤其是保护范围扩大时。

建立防火墙是在对网络服务功能拓扑结构认真分析的前提下，在内部网络周边，通过专用软件、硬件以及其他管理措施，对外部网络的信息进行控制、检测，甚至修改的手段。

七、网络防火墙的部署

（一）基本过滤路由器

基本过滤路由器的特点是内部网络和外部网络之间只存在一个过滤点。这种设计的优点是很容易实现，并且不会影响周边的网络。但其安全性最低，且存在如下缺点。

①公共服务器位于路由器的内部，如果公共服务器沦陷，那么攻击者就可以不经过路由器的过滤直接对内部系统发起攻击。

②部署一台过滤路由器执行访问控制存在单点故障的隐患。

③由于不能实现状态化过滤，因此必须在路由器上开放大量端口，才能让大部分应用正常工作。

（二）经典的双路由器 DMZ 方案

随着安全逐渐成了互联网上的一大问题，网络管理员都转而使用双路由器系统。在传统上，它们之间的区域被称为 DMZ。DMZ 是在一个非安全系统与安全系统之间设立的一个过滤子网，这个子网通常位于企业内部网络和外部网络之间，用来放置一些必须公开的服务器设施。

该设计相对于单路由器的主要好处是将公共服务器与内网的其余部分分开，当 DMZ 中的一台服务器被攻陷时，攻击者不能够直接攻击内部网服务器，他们还必须经过第二台路由器才能进入内部网络。因此，第二台过滤路由器可采用比第一台更严格的 ACL 策略进行系统设置，但是如果没有状态化过滤的功能，那么内部系统仍然面临攻击。

（三）状态化防火墙 DMZ 设计方案

在状态化防火墙的应用越来越普遍时，组织机构开始利用状态化防火墙取代双路由器 DMZ 设计中的第二台路由器。该设计可以在内部网和公共服务器，以及内部网和 Internet 之间执行更加强大的强过滤功能，因此是双路由器 DMZ 设计方案的改进做法。如今有很多组织机构仍在使用这种过滤方案，尤其是当防火墙的性能无法满足公共服务器的吞吐量需求时更是如此。

在部署状态化防火墙时，网络的连接性可能会受到影响，因为有些防火墙不支持高级路由协议或组播功能，这在某些网络中可能是个问题。但在这种设计方案中，路由器仍然会执行某些过滤，它的两大过滤任务是过滤不可路由的地址空间和在入口执行过滤。

（四）现代三接口防火墙设计方案

现代三接口防火墙设计方案成了当前防火墙边缘部署中的标准，是安全性、经济性和易管理性的完美结合。该设计的最大优势是要求所有流量都经过防火墙，包括从 Internet 流向公共服务器的流量，而在前面的所有设计方案中，这类流量仅仅是由配置了 ACL 的路由器进行保护。这种设计方案还可以进行修改，设计者可以在防火墙上添加更多的分段，将公共服务器隔离。

（五）多防火墙设计方案

多防火墙设计方案有很多变种，主要用于电子商务或其他敏感事务的场合。这样的事务通常需要多重信任级别，而不仅是内部、外部和服务器。这种设计方案中，信任服务器组通常会响应来自半信任服务器的业务请求。这些半信任服务器为来自非信任服务器的请求提供服务。非信任服务器则可以响应来自 Internet 的请求。而 Internet 用户只能直接访问非信任服务器。从非信任服务器上，攻击者可以攻击半信任服务器，但是只有极少数必要的端口支持这两类服务器之间的交互。如果半信任服务器被攻陷，那么信任服务器就可能从半信任服务器上被攻陷，但是同样只有极少数的端口可以发起攻击。

八、网络防火墙的优缺点

（一）网络防火墙的优点

防火墙作为一种重要的网络安全技术和设备，它带给使用者的好处是显而易见的，具体来说有以下几点。

①防火墙允许网络管理员定义一个检查点，以避免非法用户进入内部网络，并抵抗各种攻击。网络的安全性在防火墙上得到加固，而不是增加受保护的内部网络各个主机的负担。

②防火墙通过过滤存在安全缺陷的网络服务来减少网络威胁，只有通过审查的网络服务才能通过防火墙。脆弱的服务只能在系统整体安全策略的控制下，在受保护网络的内部实现。

③防火墙能够强化私有权，阻断一些提供主机信息的服务，提高受保护节点的保密性。

④防火墙通过设置允许外部网络访问内部网络的某些子系统以及不允许的其他子系统，来准确控制对内部子系统的访问，提高内部网络中各个子系统的封闭性，有利于实施安全策略。

⑤防火墙具有集中安全性，如果内部网络中所有或大部分的安全程序集中在防火墙上，而不是分散到内部网络中的各个主机上，则防火墙监控的范围会更加集中，有利于进行监控，降低安全成本。

⑥通过防火墙可以比较便捷地监控网络通信流，并产生警告信息。网络面临的问题不是是否会受到攻击，而是什么时候受到攻击，因此对通信流的监控是一项需要持之以恒的、耐心的工作。

⑦防火墙是审计和记录网络行为最佳的地方。由于所有的网络访问流都要经过防火墙，所以网络管理员可以在防火墙上记录、分析网络行为，并以此检验安全策略的执行情况或者改进安全策略。

⑧防火墙不仅可以监控网络安全，还能向用户发布信息，即防火墙可以连接 WWW 服务器和 FTP 服务器等设备，允许外部网络访问。

⑨防火墙为安全策略提供了实施平台。如果没有防火墙，那么系统整体安全策略的实施多半靠的是用户的自觉性和内部网络中各台主机的安全性。但是实践已经证明，这种方法不具有可行性。网络安全建设在某种程度上可以说是

内部人员对网络安全的漠视与无知的"拉锯战"。而防火墙则可以忠实地执行既定的网络安全策略，无须反复地进行教育、培训和"斗争"。

正是由于防火墙技术的这些显而易见的优势，所以从现在到将来的相当长的一段时间内，防火墙技术仍然是保证系统安全的主要技术。

（二）网络防火墙的缺点

尽管防火墙的功能比较丰富，但它并非是万能的，安装了防火墙的系统仍然存在着很多安全隐患和风险。防火墙的局限性主要表现在以下几个方面。

1. 不能防范恶意的知情者

目前防火墙只能防护来自外部网络的攻击，对内部网络的攻击只能依靠其主机系统的安全性。防火墙能够禁止用户向网络发送特有的信息，但用户能够通过 U 盘等将数据复制出去。防火墙对已经处于内部网络的攻击者无能为力。内部网络的用户可以破坏软件、硬件，篡改、窃取数据，并且能够巧妙地修改程序但却不接近防火墙。因此，要加强对知情者的恶意防范。

防火墙虽然可以过滤网络数据，但是对于相对容易地获取数据的内部用户来说，网络只是数据传递的途径之一，还可以直接将数据复制到软盘、光盘或者移动硬盘等存储介质中带走。内部用户甚至可以篡改或破坏防火墙的配置程序，导致防火墙不能发觉可疑信息。如果入侵者就在内部网络中，与其他合法的内部用户一样，他的行为防火墙也是难以控制的。目前，针对这个问题的解决办法是加强防火墙对内部用户的审计功能，加强对内部用户的教育和管理，采用多级防火墙等，但是还是不能完全解决这个问题。

无法防范内部人员泄露机密信息。有一种网络攻击手段叫作"社会工程"攻击，即黑客冒充网络管理人员或者新雇员诱惑其他没有防范心理的内部用户提供自己的用户名和密码或授予其临时的网络访问权限，然后通过这些重要信息对内部网络展开攻击，对此，防火墙无能为力。可行的解决办法是制定严格的保密制度，防止机密信息外泄，加强对内部人员的教育，使之了解账户和密码的重要性，并熟知如何维护自己的账户和密码。

2. 不能防范旁路连接

防火墙能够防范通过它的信息传输，但不能防范不通过它的信息传输。例如，如果站点允许对防火墙后的内部系统进行拨号访问，那么防火墙就不能阻止入侵者进行拨号攻击；如果内部用户对需要附加认证的代理服务器感到厌烦，而绕过防火墙的安全系统，就容易造成后门攻击。

3. 不能防备全部的威胁

防火墙是一种被动式的防护手段，被用来防备已知的威胁。一个优秀的防火墙设计方案，应该能防备新的威胁，但其不能自动防备所有新的威胁。随着网络应用的大量出现以及网络攻击手段的不断更新，一次性的防火墙设置不能永远解决内部网络的安全问题。

防火墙无法防范数据驱动型攻击。数据驱动型攻击将攻击代码伪装成正常的程序，通过电子邮件等网络数据传递系统发送到目标网络中的某台主机上。一旦用户警惕性不高，疏于检查，直接执行攻击代码，则主机相关的安全文件将被修改，而外部的攻击者则会趁机利用被修改后的漏洞侵入主机实施侵害行为。使用代理服务器是抵御数据驱动型攻击的有效手段，此外还需要制定一套严格的规章制度，加强对内部用户的网络安全教育。

4. 不能防范所有的病毒

防火墙不能防范从网络上感染的计算机病毒。由于计算机病毒类型众多，计算机操作系统也有很多种，编码和压缩二进制文件的方法也不尽相同。因此，不能单纯依靠防火墙去防范病毒。

防火墙的工作内容是对网络数据、服务以及用户行为，根据既定策略进行访问流向、访问权限和数据级别等方面的监控。一般情况下，病毒作为数据包的载荷部分进行传递，较难确定哪些载荷为病毒代码。即使防火墙进行了深度的内容过滤，它还要启动病毒的检测引擎对病毒进行确定、分类，最后才实施报警和阻断功能。这个过程将要耗费大量的系统资源，数据包的检测速度也会变得很慢。此外，病毒的产生速度远比病毒库的更新速度快得多，不断地更新病毒库会耗费相当多的防火墙资源，影响防火墙对数据包的检测。

总而言之，病毒检测不是防火墙的"主业"，实施该项功能会对防火墙的性能产生较大的影响。需要注意的是，防火墙不是不能支持病毒检测的功能，只不过会对防火墙的性能产生不利的影响，是否添加这个功能需要用户对自己的安全需求有一个明确的决定。

5. 限制网络服务

安全和自由向来都是一对矛盾体。防火墙为了保证内部网络的安全，必须要对进出内部网络的数据流进行监控，并且会拒绝它认为将对内部网络产生威胁的数据。相应地，许多不安全的网络服务就被防火墙阻断了。但是，如果要充分地享有上网的自由，很多被防火墙阻断的网络服务又是必不可少的。

总之，必须要在安全与自由之间找到一个妥协点、平衡点。一般来说，在组织或机构的内部网络中，组织或机构的利益永远是高于个人利益的；在纯属个人的使用环境里，安全地使用计算机要比病毒、木马带来的麻烦重要得多。

6. 配置问题

从防火墙无法防范所有威胁的不足，还引申出对人的较高要求，即防火墙管理人员必须拥有较深的信息安全相关知识，并具有较高的计算机网络安全技术水平。很多防火墙引起的安全问题并非是由于防火墙本身的缺陷，而是防火墙管理人员在配置防火墙尤其是配置过滤规则时出现了错误，这种错误是很难避免的。一个防火墙的规则少则几十条、数百条，多则成千上万条，规则与规则之间的关系是极为复杂的，有互斥、并列、包含等多种。随着网络应用的不断深入，不同的规则又逐步添加进规则库，它们与以前的规则间的关系需要认真考虑，在这个过程中只要稍有不慎就会造成规则的屏蔽等系统漏洞。解决的办法只有加强防火墙管理人员的岗位技能培训，加强对规则库的研究和管理。

7. 速度问题

一直以来，防火墙的性能为用户所诟病。在宽带技术已经普及的今天，在网络流量汇聚节点上进行限速而且全面深入的数据检查确实是一件非常困难的事情。人们开发出了许多新的软件和硬件技术来改进防火墙，但是依然没有完全跟上网络速度提升的步伐。最明显的表现就是，一旦启动防火墙，用户就会感到数据访问的速度变慢了。

8. 单失效点问题

现在还有很多传统的防火墙在使用，而且在可预见的将来其依然是防火墙应用的主流。传统的防火墙主要将防火墙置于内联网络和外联网络相连接的关键点处。在这种情况下，防火墙成了系统网络访问的瓶颈。一旦防火墙失效，内联网络与外联网络的连接将断开。虽然混合式防火墙部分解决了这个问题，将一个点的压力分散给多个防火墙模块共同承担，但还是存在着网络操作中心这个单失效点。分布式防火墙虽然从原理上解决了这个问题，但其在实现上还有很多的问题需要仔细研究和处理。

尽管如上所述，防火墙存在着这样和那样的问题，但其仍然不失为一种好的网络安全技术和设备。用户面临的大部分安全威胁，防火墙都可以进行有效的处理。只要配合精心制定的、合适的系统整体安全策略，加强人、设备以及制度的建设，防火墙将会发挥极大的安全作用。而且防火墙也不是一成不变的，各种新思想、新技术都不断地在防火墙中得以应用。

第二节　网络防火墙的管理与维护

一、网络防火墙的日常管理

日常管理是经常性的琐碎工作，除保持防火墙设备的清洁和安全外，还有以下三项工作需要经常去做。

（一）备份管理

这里的备份指的是备份防火墙的所有部分，不仅包括作为主机和内部服务器使用的通用计算机，还包括路由器和专用计算机。路由器的重新配置一般比较麻烦，而路由器配置的正确与否则直接影响系统的安全。

用户的通用计算机系统可设置定期自动备份系统，专用机（如路由器等）一般不设置自动备份，而是尽量对其进行手工备份，在每次配置改动前后都要进行，可利用简单文件传输协议（TFTP）或其他方法，一般不要使路由器完全依赖于另一台主机。

（二）账户管理

增加新用户、删除旧用户、修改密码等工作也是经常性的工作，千万不要忽视其重要性。设计账户添加程序，尽量用程序方式添加账户。尽管在防火墙系统中用户不多，但用户中的每一位都是一个潜在的威胁，因此做些努力保证每次都正确地设置用户是值得的。人们有时会忽视使用步骤，或者在处理过程中暂停几天。如果这个漏洞碰巧留出没有密码的账户，入侵者就很容易侵入。

保证用户的账户创建程序能够标记账户日期，而且使账户在每几个月内自动接受检查。用户不需要自动关闭它，但是系统需要自动通知用户账户已经超时。

如果用户在登录时更改自己的账户密码，则应有一个密码程序强制使用强密码。如果用户不做这些工作，人们就会在重要关头选择简单的密码。总之，一般简单地定期向用户发出通知是很有效的，而且是简单易行的。

（三）磁盘空间管理

即使用户不多，数据也会经常占满磁盘可用空间。人们把各种数据转存到文件系统的临时空间中,"短视行为"促使其在那里建立文件,这会造成许多意想不到的问题,不但占用磁盘空间,而且这种随机碎片很容易造成混乱。用户可能搞不清楚这是最后装入的新版本的程序,还是入侵者故意造成的;那些是随机数据文件,还是入侵者的文件等。

在多数防火墙系统中,主要的磁盘空间问题会被日志文件记录下来。当用户试图截断或移走日志文件时,系统应自动停止程序运行或使它们挂起。

二、网络防火墙的系统监控

(一)专用监控设备

监控需要使用防火墙提供的工具和日志,同时也需要一些专用监控设备。例如,可能需要把监控站放在周边网络上,只有这样才能监视用户所期望的包通过。

如何确定监控站不被入侵者干扰是一件很重要的事。事实上,最好不要让入侵者发现它的存在。管理员可以在网络接口上断开传输,于是这台机器对于侵袭者来说难以探测和使用。在大多数情况之下,管理员应特别仔细地配置机器,像对待一台堡垒主机一样对待它,它既简单又安全。

(二)监控的内容

理想的情况是管理员知道穿过自己防火墙的所有内容,即每一个抛弃的和接收的数据包、每一个请求的连接。但实际上,不论是防火墙系统还是管理员都无法处理那么多的信息,管理员必须打开冗长的日志文件,再把生成的日志整理好。在特殊情况下,管理员要用日志记录以下几种情况。

①记录所有被拒绝的尝试和连接以及抛弃的包。
②记录连接通过堡垒主机的用户名、协议以及时间。
③记录在路由器中发现的错误、堡垒主机和一些代理程序。

(三)对试探做出响应

管理员有时会发觉外界对防火墙的试探,如企图登录不存在的账户、数据包发送系统没有向 Internet 提供的服务等。通常情况下,如果试探没有得到让人感兴趣的反应就会放弃。如果管理员想弄清楚试探的来源,会耗费大量时间去追寻类似的事件,而且在大多数情况下,这样做一般不会有成效。如果管理员确定试探来自某个站点,则可以与那个站点的管理层联系,告知他们发生了什么。通常,人们无需对试探做出积极响应。

对于什么只是试探和什么是全面的侵袭，不同的人有不同的观点。多数人认为只要不继续下去就只是试探。例如，尝试每一个可能的字母排列来解开用户的根密码是不能成功的，这可以被认为是无须理睬的试探。

三、网络防火墙的维护

（一）管理员保持领先的技术

防火墙维护的一个重要方面是保持技术上的领先。在用户做到之前，管理员应使自己的技术水平处于领先地位。

防火墙系统维护最困难的部分是努力同该领域的持续发展保持同步。该领域每天都产生新事物，如新的问题正在被发现和利用，进行新的侵袭；对于用户现有系统和工具的修补和修理产生了新的工具。要在这些变化中始终处于领先地位，是防火墙维护者工作中花费时间最多的一部分。

如何处于领先地位，首先要找到一些邮件列表、新闻组、杂志和用户认为合适的专题论坛给予关注。下面分析管理员可以保持领先技术的几种重要的方法。

1. 邮件列表

对于对防火墙感兴趣的人来说，最重要的是在greatcircle.com上的防火墙邮件列表，该列表主要讨论关于设计、安装、配置、维护各种类型防火墙的基本原理。为解决容量问题，还有该列表的"防火墙文摘"版。管理员另一个需要订阅的列表是证书咨询（CERT-Advisory）邮件列表。这是一个由证书/抄送（CERT/CC）邮寄的安全保护咨询的列表。

2. 新闻组

管理员除了可以订阅各种邮件列表外，还有不少直接或者间接与防火墙有关的新闻组。例如，CERT/CC建议的公司安全公告（comp security announce）组，还有各种不同的商业或非商业网络产品的新闻组。

3. 杂志

虽然目前还没有专门的Internet安全方面的杂志，但一些商业（专业）杂志定期或不定期地报道有关防火墙的情况，杂志领先潮流一步，时效性强。

4. 专题讲座

管理员可以参加一些专题讲座，包括会议、供应商与用户组织、地方用户团体、专业社团等。参加这些活动是有非常大的好处的，不但可以参加那些正式进行的项目，而且还能与正在解决相似问题的人们建立联系。

（二）保持用户的系统处于领先地位

如果管理员已使自己的系统处于领先地位，那么这个工作就相当简单，用户只需处理听说过的任何新问题。

管理员应该收集足够多的来自前面讲到的资源的信息，以决定一个新问题对于用户的特殊系统来说是否称得上是新问题。要知道管理员也许不能确定某个问题是否与自己的站点有关，找到对自己有利的信息往往要花费数小时甚至数天的时间，并且还需要在缺少实质性信息的情况下，使用关于问题及其发展的报告来判断对于特殊问题应该如何处理的办法。

管理员会犯哪种错误，倾向于谨慎还是实用，这由管理员特有的环境所决定。这些环境包括有哪些潜在的问题，管理员对它能做些什么，对安全与方便关注的程度等。如果问题涉及用户系统，谨慎一点可以阻止问题的出现。但另一方面，谨慎要求管理员等待下去，直到确定问题所在后再采取行动。当管理员决定使用什么修复工具和何时实施时，可参考下面的原则。

① 不要急于升级，除非有理由认为确有必要，最好让别人先做这些工作，观察升级后产生的新问题，但也不要推迟太久，一般是等待几小时或者几天后看一看是否有人在这方面碰到新的问题。

② 不要为没有出现的问题寻求解决方法，否则管理员可能就是在冒引起新问题的风险。

③ 注意修补的相互依存性。当用户还没有对未发生过的问题进行修补的时候，会发觉该问题的修补依赖于对先前问题所进行的修补。这时管理员应该好好推测一下，这种情况是否还可以在与平台有关的邮件列表和新闻组中找到帮助，也可以询问并看看是否有人处理过这类事情。

第三节　网络防火墙的发展趋势

一、深度防御技术

随着防火墙技术的不断发展，未来防火墙将向以下几个方向发展。
① 深度防御。
② 主动防御。

③嵌入式防火墙。
④分布式防火墙。
⑤专用化、小型化以及硬件化。
⑥与其他安全技术联动,产生互操作协议。

深度防御技术综合了目前广泛应用的防火墙安全技术,是指防火墙在协议栈上建立若干安全检查点,并利用各种安全手段审查经过防火墙的数据包,能够有效提高防火墙的安全性。具体来讲,防火墙可以在网络层过滤掉所有的源路由分组以及假冒 IP 源地址的分组;可以在传输层过滤掉所有的有害数据包和禁止出入的协议;可以在应用层通过 SMTP、FTP 等网关,监控互联网提供的可用服务。

二、区域联防技术

传统防火墙单纯地在内部网络与外部网络的连接点进行安全控制,一旦攻击者攻破连接点,整个网络就暴露在攻击者眼前。随着网络攻击技术的不断发展,防火墙受到了越来越大的威胁,传统防火墙已经不能适应如今的防卫架构。

新型防火墙为分布式防火墙,即综合主机型防火墙与个人计算机型防火墙,并配以传统防火墙的功能,形成高性能、全方位的防卫架构,这就是区域联防技术。区域联防的目的是通过各个区域的防卫抵御攻击者的入侵行为。任何能够连接互联网的终端,都应该具有一定的防护功能。

三、管理通用化

管理通用化是建立一个有效安全防范体系的必要条件。如要使各个不同的网络安全产品能够联动地做出反应,就必须让它们都使用同一种通用的"语言",也就是发展一种它们都能够理解的协议。因此,不管是对防火墙还是对入侵检测系统(IDS)、VPN 或病毒检测设备等网络安全设备进行操作,都可以使用通用的网络设备管理方法。

四、专用化和硬件化

在网络应用越来越普遍的形势下,一些专用防火墙概念也被提了出来,单向防火墙(又叫网络二极管)就是其中的一种。单向防火墙的目的是让信息的单向流动成为可能,也就是网络上的信息只能从外网流入内网,而不能从内网流入外网,从而起到安全防范作用。另外,将防火墙中的部分功能固化到硬件中，也是当前防火墙技术发展的方向。通过这种方式，可以提高防火墙中瓶颈部分的执行速度，缩短防火墙导致的网络延时。

五、体系结构发展趋势

网络应用的不断增加，对网络宽带提出了更高的要求，防火墙也需要提高处理数据的速度。多媒体应用在未来会更加普遍，其要求数据通过防火墙带来的延迟要尽可能小。为了满足这种需求，一些防火墙开发商开发了基于网络处理器和基于专用集成电路（ASIC）的防火墙。

网络处理器是专门处理数据包的可编程处理器。网络处理器包含了多个数据处理引擎，这些引擎可以同时进行数据处理工作。网络处理器优化了数据包处理的一般性任务，同时其硬件体系结构的设计也大多采用高速的接口技术和总线规范，具有较高的 I/O 能力。网络处理器具有简单的编程模式和开放的编程接口，系统灵活，处理能力强。

ASIC 技术为防火墙设计提供了专门的数据包处理流水线，优化了资源配置，能够满足千兆、万兆网速环境。但是 ASIC 技术的开发难度较大、开发周期长、开发成本高、缺乏可编程性、灵活性较差。在开发难度、开发周期和开发成本等方面，网络处理器具有明显的优势。未来网络处理器（NP）架构的防火墙会带动防火墙产品的发展，实现网络安全的一个变革。

六、网络安全产品的系统化

随着网络安全技术的发展，出现了建立以防火墙为核心的网络安全体系的说法。现有的防火墙技术很难满足日益发展的网络安全需求。因此，需要建立一个以防火墙为核心的网络安全体系，实施科学的安全策略，在内部网络系统中部署多道安全防线，让各项安全技术各司其职，抵御外来入侵。对网络攻击的监测和告警将成为防火墙的重要功能，对可疑活动的日志分析工具将成为防火墙产品的一部分。防火墙将从目前的被动防护状态转变为主动状态来保护内部网络。

第八章 认证与数字签名

为了有效防止对系统进行伪造、篡改信息等一系列主动攻击，需要用到的一种重要手段就是信息认证。在信息认证体制中，往往会存在一个负责仲裁、管理较为机密信息以及颁发证书的第三方。通常情况下，我们会签署各种各样的信件和文书，这么做的目的就是为了进行认证、核准以及使所签署的文件生效，一般情况下，人们都是使用手写签名或印章。随着信息时代的到来，人们逐渐有了快速、远距离对电子文件进行签名的需求，于是便产生了数字签名。本章分为信息认证技术、数字签名、数字证书、多变量公钥密码系统四部分，主要包括信息认证技术简介和概念、报文摘要、认证方法分类、数字签名概述和步骤、数字证书的必要性、数字证书的工作流程、数字证书/密钥的生命周期、数字证书的认证过程、多变量公钥密码体制的产生和现状、多变量公钥密码的基本概念等方面的内容。

第一节 信息认证技术

一、信息认证技术简介

（一）数字摘要

对于文件当中的一些重要因素，利用单向 Hash 函数进行变换运算，运算结果为一个固定长度的摘要码，将得到的摘要码加入文件当中，一同作为所要传输的信息发送给接收方，之后，接收方将收到的信息采用相同的运算方法对摘要码进行变换运算，将运算结果与发送过来的摘要码进行对比，如果不相同，就说明接收到的文件已经被篡改，这一技术即为数字摘要。

（二）数字信封

采用加密技术对发送的信息进行加密处理，从而确保信息只能被特定的人阅读，这一技术即为数字信封。发送信息的一方在数字信封中通过对称密钥对信息进行加密，之后再用接收方的公开密码对该对称密钥进行加密，然后再同信息一起发送给接收方。接收方为了获得信息，在收到信息以后，会首先使用相应的私有密钥来打开数字信封，得到对称密钥，之后再使用对称密钥解开信息。可以说，这是一种安全性非常高的技术。

（三）数字签名

通常情况下我们为了确保一个文档的真实性和有效性，同时为了防止对方抵赖，往往会在相关文档上签名。而在网络环境中，由于无法直接在文档上签字，就可以使用电子数字签名来进行模拟。

数字签名提供的数据除了具有完整性之外，同时还应确保数据的真实性，这就需要将散列（Hash）函数和公钥算法结合起来。只有具有了完整性，才能确保被传输的数据没被篡改过；只有具有了真实性，才能确保人们无法对由确定的合法者产生的 Hash 进行假冒，由此可见，要想产生数字签名，就必须要有效结合这两种机制。

（四）数字时间戳

在签订书面合同时，为了有效防止文件被篡改和伪造，有几个关键性内容需要特别注意，首先就是签名，除此之外，签署文件的日期也同样是非常关键的一项内容。不仅仅是书面合同，进行电子交易的过程中，为了确保电子文件发表时间的安全性，对于签订文件的日期和时间信息也同样需要进行安全管理，这就需要用到由专门机构提供的数字时间戳服务，它属于一种网络安全服务项目。数字时间戳也是经过加密处理的，它是一个凭证文档，主要是由以下几部分组成。

①需要加时间戳的文件的摘要。
②数据传输服务（DTS）收到文件的日期和时间。
③DTS 的数字签名。

（五）数字证书

通常情况下都是在验证完参与各方的身份之后才能开始进行交易支付，这时候就需要用到认证中心签发的数字证书来证明。所谓数字证书，就是利用电子手段，对某个用户的身份以及访问网络资源的权限进行证实。

可以说，要想确认安全电子商务交易双方的身份，唯一的一个工具就是数字证书。并且，证书管理中心也为其做了数字签名，所以对于数字证书上的内容，任何第三方都不可能对证书的内容进行修改。同时，凡是持有信用卡的人，若想在网上参加安全电子商务的交易，必须要做的一项内容就是申请相对应的数字证书。

二、认证技术的相关概念

（一）标识和鉴别

认证就是将一个实体所具有的某种特性向另外一个实体进行证明的过程。在认证的过程中，主要会用到以下两种基本安全技术：第一，标识技术；第二，鉴别技术。

1. 标识

实体的身份往往是通过标识来代表，从而使实体在系统中的唯一性和可辨认性得到保证，表示方式为名称和标识符（ID）。正是有了唯一标识符，系统才可以对访问系统的每个用户进行识别。例如，在网络环境中，网络管理员常用 IP 地址、网卡地址作为计算机用户的标识。

2. 鉴别

对实体身份的真实性进行识别即为鉴别。每个用户往往都会具有其秘密的、其他用户所没有的特殊信息或实物，这也就成了鉴别的依据。系统根据识别和鉴别的结果，来决定用户访问资源的能力。例如，通过 IP 地址的识别，网络管理员可以确定 Web 访问是内部用户访问还是外部用户访问。

（二）认证信息类型

经常会用到的鉴别信息主要包括以下几种。

①诸如用户口令、个人身份识别码（PIN）之类的所知道的秘密。

②诸如智能卡、磁卡等之类的不可伪造的设备，也就是所拥有的实物。

③诸如指纹、声音、视网膜之类的生物特征信息。

④诸如 IP 地址等用于对实体所处的环境信息、地理位置和时间等进行认证的上下文信息。

（三）认证的用途

认证的用途主要包括以下几方面。

①支持网络系统访问授权，对访问网络资源的用户进行身份验证。

②为了防止假冒，对网络信息发送者和接收者的真实性进行验证。

③为了防止篡改、重放或延迟，对网络信息的完整性进行验证。

三、报文摘要

（一）散列函数在报文摘要中的用途

1. 验证数据的完整性

发送方在给接收方发送文件时，不仅会发送数据报文，同时还会将报文摘要一起发送过去。接收方在接收到文件之后，就会对报文摘要和数据报文进行比较，如果得出的结果相同，则表示数据报文未被篡改。

在对报文摘要进行计算的过程中，通常是对发送方和接收方共享的秘密信息和实际报文一起计算。如果接收方并不知道秘密信息，那么他能伪造出一个相匹配摘要的概率就微乎其微，这就在很大程度上起到了帮助接收方识别出被伪造或篡改过的报文的作用。

2. 用户认证

用户认证这一功能具体来说就是对数据完整性功能验证的一种延伸。如果一方不希望验证秘密被传送到网络上，但又想要对对方进行验证，这个时候，一方就可以先发送一个随机报文给对方，对方在发回时，要将连接上报文摘要的秘密信息一同发回。这时，接收方就可以通过对发回摘要的正确性进行验证，从而确定发送方有没有秘密信息，完成了对对方的验证。

（二）散列函数对报文摘要的要求

散列函数的要求主要包括以下几方面。

①不限制接受的输入报文的长度。

②不管是哪种输入报文数据，都能够生成固定长度的摘要输出，也可以说是数字指纹。

③通过报文能够很容易地算出摘要。

④对于指定的摘要，很难生成一个报文，但由该报文却能够得出指定的摘要。

⑤两个不同的报文，很难生成两个相同的摘要。

（三）报文摘要算法

1. 安全散列算法

安全散列算法（Secure Hash Algorithm，SHA）属于一种能够产生 160 位散列值的报文摘要算法。美国政府已核准其为标准，也就是 FIPS 180-1 Secure Hash Standard（SHS）。除此以外，它也被联邦信息处理标准（FIPS）认定为实施数字签名算法时必须使用的算法。在数字签名产生和证实的过程中，所用到的 Hash 函数也同样有相应的标准做出规定。

2. MDx 散列算法

MDx 散列算法是由 RSA 其中的一个创始人李维斯特（Rivest）发明的报文摘要算法，主要包括以下三种：第一，MD2；第二，MD4；第三，MD5。这三种方法当中，最慢的是 MD2，最快的是 MD4，MD5 是在 MD4 的基础上做了一些改进，比 MD4 的安全性更高，但它的计算速度却比 MD4 稍微慢了一些。

四、认证方法的分类

（一）单向认证

在进行网络服务认证的过程中，只鉴别客户方，不鉴别服务方，这种认证方式即为单向认证。比如，如果一个客户想要访问某台服务器，客户就需要将自己的 ID 和密码发送给服务器，然后服务器会比对和检验所接收到的 ID 和密码，对客户方的身份进行鉴别，以确保身份的真实性。单向认证的认证过程主要包括以下六个步骤，如图 8-1 所示。

①客户首先向服务器发出访问请求。
②服务器向客户发出输入 ID 的提示。
③客户按照服务器的提示，输入自己的 ID。
④服务器向客户发出输入密码的提示。
⑤客户按照服务器的提示，输入自己的密码。
⑥客户发送过来的 ID 和密码在经过服务器验证，认为相匹配之后，客户便可以访问系统。

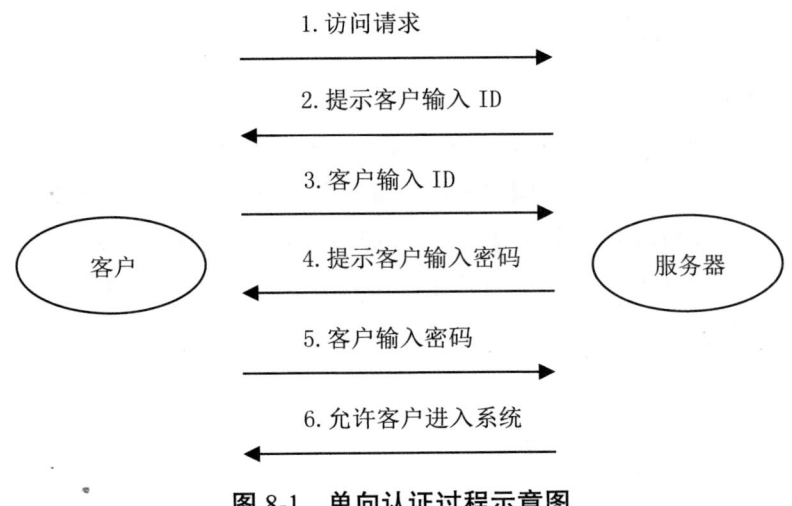

图 8-1 单向认证过程示意图

（二）双向认证

在进行网络服务认证的过程中，不仅对客户进行鉴别，同时还对服务方进行鉴别的认证方式即为双向认证。由于增设了客户对服务方的认证，使得服务器的真假识别安全问题得到了解决。双向认证过程如图 8-2 所示。

①客户首先向服务器发出访问请求。

②服务器向客户发出输入 ID 的提示。

③客户按照服务器的提示，输入自己的 ID。

④服务器向客户发出输入密码的提示。

⑤客户按照服务器的提示，输入自己的密码。

⑥客户发送过来的 ID 和密码在经过服务器验证，认为相匹配之后，客户便可以访问系统。

⑦客户向服务器发出输入密码的提示。

⑧服务器按照客户的要求输入密码。

⑨客户对服务器进行验证。

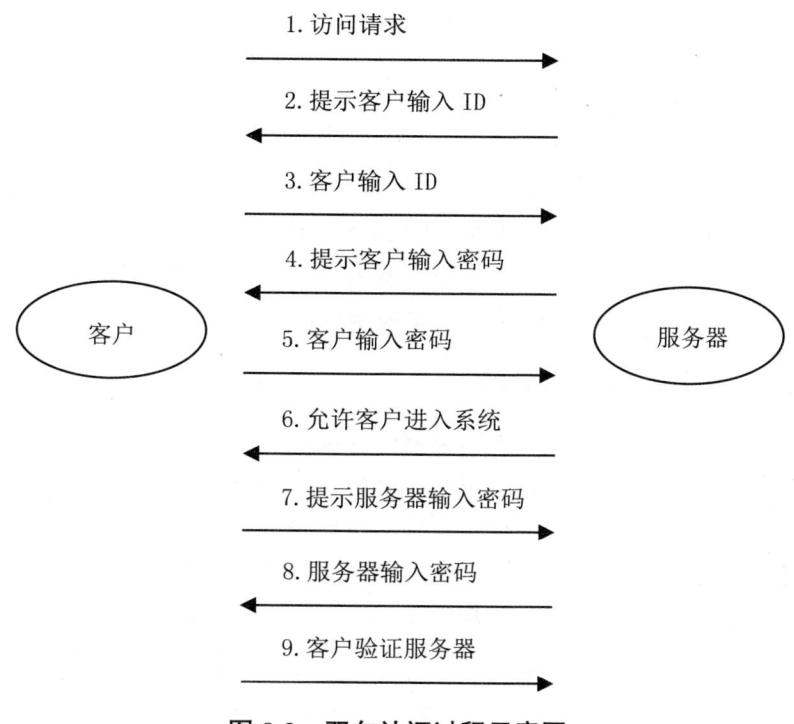

图 8-2 双向认证过程示意图

在实际应用中，双向认证的代价要比单向认证高。例如，一个拥有 50 个用户的网络，每个用户都可以和其他任何用户通信，所以每个用户都必须有能力对其他任一用户进行认证。

另外，出于保密角度考虑，我们希望每个用户都有自己的个人密码。在这种情况下，每个用户必须存储所有其他用户的密码，也就是说，每个工作站需要存储 49 个密码。如果新添加了一个用户，或者有用户被删除了，则每个人都要修改自己的密码表。由此可见，双向认证需要的代价高。

（三）第三方认证

在网络服务认证的过程当中，由专门的第三方来负责对服务方和客户方的身份进行鉴别，这种认证方法就叫作第三方认证。第三方不仅需要负责认证信息的维护，而且还负责验证服务方和客户方的身份。每个用户都把自己的 ID 和密码发送给值得信任的第三方，再由第三方负责认证的全过程。此方法兼顾了安全性和密码存储的简单易行性。

第二节 数字签名

一、数字签名概述

在计算机网络中传送的信息,要想做到"亲笔签名和盖章",就需要用到数字签名。可以说,在密码技术研究的领域当中,非常重要的一个问题就是数字签名。在我们的日常生活当中,数字签名可以看成手写签名的电子对应物,它的功能主要是以电子信息的形式,实现用户存放信息的认证。

(一)数字签名基本概念

将要传送的报文通过一个单向函数进行处理,从而得到一个能够用来对报文来源进行确认、对报文是否发生变化进行核实的字母数字串,得到的这个字母数字串即数字签名。这个字符串生成的主要目的就是用来替代书写签名或印章,并且这个字符串也同书写签名或印章一样,具有一定的法律效用。与传统的手写签名相比,两者之间存在着非常大的差异,具体如下所示。

①数字签名不能被视为被签署文件中的一个物理组成部分,但手写签名却可以。

②数字签名非常容易被拷贝,但手写签名却恰恰相反。所以,必须要坚决阻止对一个数字签名的重复使用。

③手写签名的验证方式主要是通过与一个真正的手写签名进行比较,数字签名的验证方式主要是通过一个公开的验证算法。

数字签名的签名算法至少要满足以下几个条件。

①签名者事后不能对自己的数字签名进行否认。

②接受者只能验证。

③不管是接受者还是发送方,都不能对相关信息进行伪造。

④对于签名的真伪,一旦双方发生争执,就会由第三方进行仲裁。

(二)数字签名应具有的性质

通信双方在一个保密通信系统当中,其中的任何一方都有可能会出现欺骗或者伪造的行为,这时候使用数字签名技术就可以有效地解决这个问题。通常情况下,通信双方在进行通信时可能会存在多种形式的欺骗或伪造行为,常见的有以下几种。

①发送方对自己曾发送过的某些信息给予否认。

②接收方自己伪造了一个消息之后，声称是发送方发送过来的信息。

③在网络上，有些用户冒充另外一个用户接收或发送信息。

④接收方在收到信息之后，擅自对信息进行篡改。

这些欺骗在实际生活中都有发生的可能，比如，在进行电子资金传输的过程中，收款方故意将收到的资金数减少，并声称发送方发送过来的时候就是这个数目；再比如，用户采用电子邮件的方式将一笔业务的指令发送给他的证券经纪人，如果今后这笔业务出现了赔钱的情况，那么该用户很有可能就会不承认自己曾经发出过相应的指令。由此可见，让数字签名越来越完善是多么的重要，而一种趋于完善的数字签名必须要具备以下特点。

①签名者一旦进行签名之后，就不能对自己的签名给予否认。

②除了签名者之外的任何人都不能对签名进行伪造，也不能擅自篡改、伪造以及冒充接收或发送的信息。

③为了在发生争议时能够更好地解决，签名必须能够由第三方验证。

④签名必须是依赖于被签名信息的一个位串模式。

⑤从计算复杂性意义上来看，伪造数字签名具有不可行性，主要包括以下两个方面：第一，对某个已有数字签名构造新的消息；第二，对某个给定消息伪造一个数字签名。

⑥能够实现在存储器中保存一个数字签名副本。

⑦为了有效防止双方出现伪造和否认的行为，签名必须使用一些对发送者来说是唯一的信息。

⑧生成该数字签名时必须要相对容易一些。

⑨对该数字签名进行识别和验证时必须要相对容易一些。

（三）数字签名的设计原理

数字签名的设计主要依靠单向陷门函数或身份识别协议，通过非交互零知识证明机制转化而来。

单向陷门函数是一种较为直接的构造方法，签名人往往会将陷门信息作为私钥，而拥有了私钥以后，也就意味着签名具有真实性。这种单向陷门的数字签名，主要是基于以下两条最基本的假设。

①只有私钥的拥有者才能获得私钥，由此可见，私钥具有很强的安全性。

②只有使用私钥，才能产生数字签名。

虽然现在还没有任何证据可以证明数字签名具有安全性，但是如果没有遵循以上两种假设，换句话说就是没有使用数字签名算法，而是使用了未知的算法；如果没有使用私钥，而是使用了未知的密钥，所得到的结果依然能够被声称者的公钥解密成功的攻击例子还没有出现过。由此可见，以上两条假设的破坏是在"计算上不可行的"，所以它们才"被认为是成立的"。数字签名的假设如图8-3所示。

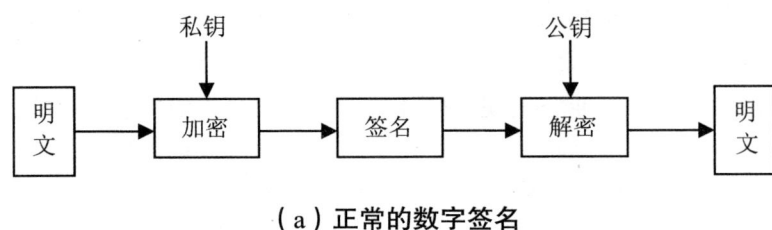

（a）正常的数字签名

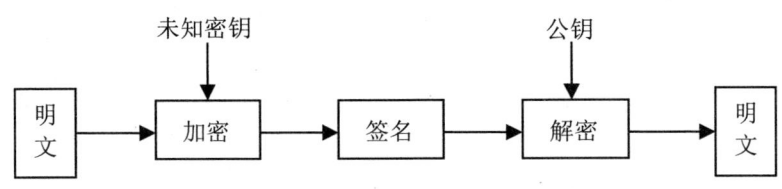

（b）使用未知密钥生成数字签名

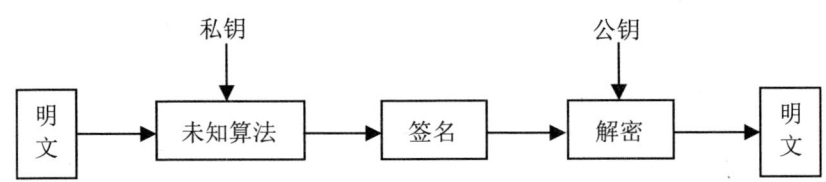

（c）使用未知算法生成数字签名

图8-3 数字签名的假设

（四）数字签名的设计要求

在收发双方尚未建立起完全的信任关系且存在利害冲突的情况下，数字签名技术是解决这一问题的有效途径。数字签名应满足以下要求。

①签名是可信的。也就是说，任何人都能够对签名的有效性进行认证。

②签名是不可伪造的。也就是说，合法签名者的签名是很难被伪造的。

③签名是不可复制的。也就是说，无法通过复制的方式将一个消息的签名变成另外一个消息的签名。一旦出现复制的情况，不管是谁都能够很轻易地发现其中的差距，从而可以拒绝签名的消息。

④签名的消息具有不可变性。消息一旦签名之后，就不能被随意篡改，如果发现了消息被篡改，那么消息和签名之间的不一致就能非常轻易地被人们发现。

⑤签名是不可抵赖的。签名者一旦签名，就无法对自己的签名进行否认。如果出现签名者否认签名的情况，就可以通过第三方或仲裁方来对双方的信息进行确认之后做出相应的仲裁。

为了使以上要求得到很好的满足，通信双方在发送消息时，要做到以下两点。

①防止他人伪造数字签名。

②防止发送方否认自己的签名。

之所以要这么做，目的就是为了最大限度地确保数字签名的真实性。

（五）数字签名的使用方式

目前的数字签名都是以公开密钥体制作为基础，可以说，它是公开密钥加密技术的另外一种应用。对于数字签名的使用方式主要包括以下几方面。

①报文的发送方从报文文本当中生成一个单向散列值或者报文摘要，在计算原始信息时会使用单向散列算法，进而会得到一个固定长度的消息摘要（实际上是一个固定长度的字符串）。当然，信息不同，得到的消息摘要也不同。同时，单向散列算法还做到了一点，那就是只要信息当中的任何一位发生了变化，重新计算出的消息摘要就会发生变化，这就在很大程度上保证了信息的不可更改性。之后，使用自己的私钥加密散列值，就能形成对方的数字签名。

②发送方对自己的私钥加密之后会生成消息摘要，进而生成发送方的数字签名。

③将数字签名放入报文的附件当中，和报文一起发送给报文的接收方。在接收到报文以后，接收方就能根据原始报文，计算出散列值或者是报文摘要。

④用发送方的公开密钥来解密数字签名，如果得出的散列值相同，那么也就意味着这是发送方的数字签名。

⑤如果计算出的消息摘要与发送方提供的消息摘要不同，则说明接收方收到的信息是被伪造或篡改过的。

对于原始报文的鉴别和验证，主要是通过数字签名来实现的，从而确保报文的完整性和权威性，同时也能有效避免发送者对所发报文进行抵赖。数字签名机制为银行、电子商贸等提供了一种非常好的鉴别方法。

二、数字签名的步骤

(一)具有消息摘要的数字签名的步骤

下面给出具有消息摘要的数字签名的实现步骤(其中包括数字签名与验证过程)。

①将消息按散列算法进行计算,从而得到一个固定位数的消息摘要值。这样就能在数学上确保只要消息的任何一位被改动,那么重新计算出来的消息摘要就会与之前计算出的不一致,从而保证消息不被更改。

②用发送者的私有密钥对消息摘要值进行加密,所产生的密文即称数字签名。然后这个数字签名就会和原消息一起被发送给接受者。

③接收者在收到消息和数字签名之后,就会采用同样的方法计算出消息的摘要值,计算出摘要值以后,接收方就会使用发送者的公开密钥来解密数字签名,得出结果之后再与之前计算出的摘要值进行比较,如果相同,则代表报文的确是由发送者发送过来的。

实现数字签名也同时实现了对信息来源的鉴别。但是,对传送的信息本身却未保密。

为了实现消息的保密性,发送方在生成信息的摘要后,把这个数字签名作为要发送信息的附件和明文信息一同用接收方的公钥进行加密,之后再将加密之后的密文一起发送给接收方。

(二)具有保密性数字签名的步骤

①通过单向散列算法来计算原始信息,从而得到一个固定长度的信息摘要,具体来说就是一个固定长度的字符串。

②发送方使用自己的私钥对所生成的信息摘要进行加密,发送方的数字签名也就由此生成。

③发送方会用接收方的公钥对这个数字签名作为发送信息的附件和明文一同加密,加密之后再发送给接收方。

④在收到密文之后,接收方就会用自己的私钥进行解密,解密之后就会得到发送方发送过来的数字签名和明文信息,然后就是用发送方的公钥来解密数字签名,再用相同的单向散列函数计算明文信息,从而得到信息摘要。如果得到的结果与发送方发送过来的信息摘要相同,则可认定数字签名来自发送方。

第三节 数字证书

一、使用数字证书的必要性

（一）信息的保密性

商务信息在交易的过程中必须要做到绝对保密。例如，一旦商家信用卡的账号和用户名被泄露，就很有可能会出现被竞争对手盗用的现象，从而使竞争对手对商家的订货和付款等信息了如指掌，最终导致商家丧失商机。所以，对于电子商务信息的传播，通常都会有加密的要求。

（二）交易者身份的确定性

进行网上交易的双方大多都是互不相识的，甚至是相距千里的。如果想要使交易成功地进行，首先要做的就是对对方的身份有一个明确的了解。对于商家来说，最基本的就是要确保客户不存在任何的欺骗行为；对于客户来说，也要确保商家不是玩弄欺诈的黑店。由此可见，进行网上交易的一个大前提都是能够方便并且可靠地对对方的身份进行确认。

同时，为了使所开展的服务活动更加安全、保密和可靠，顾客或用户开展服务的银行、信用卡公司以及销售商店都应该进行严格的身份认证工作。

对于相关销售商店来说，对于顾客所用的信用卡号码的知情权以及一切信用卡的一系列确认工作都应该完全交给银行，商店应该是完全不知道的。对于顾客身份的合法性，银行以及信用卡公司也应通过各种保密与识别方法进行确认，并且还要防止拒付款现象的发生。此外，银行以及信用卡公司还应及时、准确地确认订货和订货收据的相关信息。

（三）不可否认性

商情往往都是千变万化的，一旦达成交易就不能再发生任何的改变，以免某一方的利益受到损害。就拿订购黄金来说，如果订货时的金价相对比较低，但等收到订单以后金价却有所上涨，如果在这时收单方对收到订单的实际时间进行否认，更有甚者对收到订单这一事实进行否认，那么必然会使订货方受到损失。所以，电子交易过程中的任何环节，都不能给予否认。

（四）不可修改性

交易的文件具有不可修改性。就拿前文订购黄金的例子来说，如果在订货单位收到订单之后，供货单位发现金价大幅上涨，如果供货单位可以随意对文件内容进行改动，将订货数量从 1 kg 改为 1 g，那么订货单位就必须要承担其中的一切损失。所以，为了确保电子交易的严肃性和公正性，电子交易文件一旦制定就必须不能做任何的修改。

通过使用数字证书，再结合对对称和非对称密码体制等密码技术的运用，建立起一套严密的身份认证体系，并做出以下保证。

①除了发送方和接收方，信息不能被其他人窃取。

②在传输的过程中，不能擅自篡改信息。

③发送方对接收方身份的确认可以通过数字证书来实现。

④发送方不能否认自己曾经发出过的信息。

用户的密钥由于都是本人所有，所以用户可以使用私钥来处理信息，这样，所产生的信息别人就无法再生成，进而也就产生了数字签名。

二、数字证书的工作流程

现有持证人甲和持证人乙，如果甲想要和乙通信，那么甲首先要做的事情就是从数据库当中得到乙的证书，得到之后再进行验证。验证的结果往往有以下两种。

①甲和乙所使用的认证中心（CA）完全相同，那么甲只需要对乙证书上 CA 的签名进行验证即可。这种结果处理起来就相对简单得多。

②甲和乙所使用的 CA 不同，那么甲就必须从 CA 树形结构的底部开始，逐层进行查询，直到找到相同的 CA 为止，也就是找出共同信任的 CA。相比之下，这种结果处理起来就要复杂得多。

此外，为了使信息在传送的过程中具有真实性、完整性和不可否认性，就必须对想要传送的信息进行数字加密和数字签名，具体传送过程如下所示。

①甲将要传送的数字信息，也就是明文准备好。

②甲通过 Hash 算法对数字信息进行运算，从而得到一个信息摘要。

③甲使用自己的私钥对得到的信息摘要进行加密处理，进而得到甲的数字签名，然后将得到的数字签名附在数字信息上。

④甲使用随机产生的一个加密密钥对所要发送的信息进行加密处理，进而形成密文。

⑤甲再用乙的公钥对之前随机产生的加密密钥进行加密处理，再将加密处理后的数据加密标准（DES）密钥和密文一起传送给乙。

⑥乙接收到甲传送过来的 DES 密钥和密文之后，首先要做的就是使用自己的私钥对经过加密处理的 DES 密钥进行解密处理，进而得到 DES 密钥。

⑦之后乙再用得到的 DES 密钥来解密收到的密文，从而得到明文的数字信息，完成这些以后，DES 密钥就可以作废了。

⑧乙使用甲的公钥来解密甲的数字签名，得到信息摘要。之后再用与甲之前所使用的相同的 Hash 算法对明文进行运算，得到另外一个信息摘要。

⑨乙对得到的信息摘要与收到的信息摘要进行对比，如果完全相同，则证明乙所收到的信息就是甲发送过来的信息，未曾被修改。

三、数字证书/密钥的生命周期

数字证书在公钥基础设施（PKI）系统中就如人体在大自然界中一样，存在一个生命由诞生到死亡的过程。这个过程主要内容包括：数字证书的"诞生"；数字证书的"生命活动"；数字证书的"工作"和相应的"功用"以及数字证书"死亡"乃至最终"归宿"。换句话说生成、使用、存储、更新/撤销。

图 8-4 显示了数字证书/秘钥的声明周期。

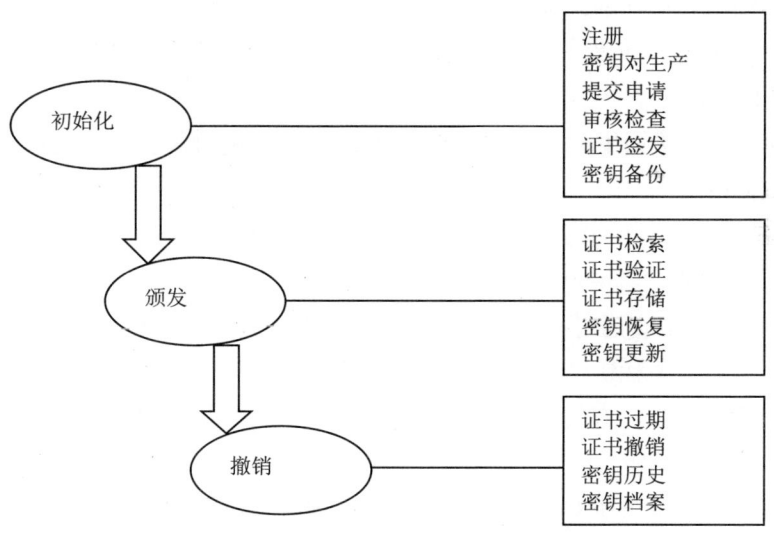

图 8-4　数字证书/密钥的生命周期

在终端用户实体使用 PKI 支持的服务之前，它们必须初始化以进入 PKI。初始化阶段由以下几步所组成。

①终端实体注册:终端实体向 RA 或 CA 注册该域的用户。

②密钥对产生:用户本身或者由可信 CA 为用户生成公私钥对。

③提交申请:用户向 CA 或 RA 提交申请材料。

④审核检查:CA 或被授权的 RA 对材料进行审核,目的是判别材料的真实性和申请的数字签名类型。

⑤证书签发:CA 按照数字证书的标准格式(一般为 X.509 格式)签名并发布。

⑥密钥备份(可选):数据加密用密钥则可以备份,签名用密钥一定不能备份,否则一旦纠纷发生,不满足不可否认性。

私钥和公钥证书一旦产生,也就意味着开始进入了数字证书/密钥生命周期管理的颁发阶段。这一阶段主要包括以下内容。

①证书检索:主要是针对远程资料库进行证书检索。

②证书验证:对某一证书的有效性进行确定。

③证书存储密钥:CA 给用户发送的证书存放在本地,同时本地也存放着 CA 根证书和其他实体证书。

④密钥恢复:如遇到无法解读的加密文件,则可从 CA 中进行恢复。

⑤密钥更新:如果一个合法的密钥对即将过期,那么就会自动产生并颁发新的公/私密钥。

数字证书/秘钥生命周期管理的结束也就是撤销阶段。这一阶段主要包括以下几方面内容。

①证书过期:证书的自然过期。

②证书撤销:当用户身份发生变化或私钥泄露等情况发生时,用户向 CA/RA 申请撤销,审查通过后 RA 将撤销请求发给 CA 或者 CRL 签发机构,并宣布合法证书及相关私钥已经失效。

③密钥历史:对有关密钥资料的连续记录进行维护,以便对过期的密钥所加密的数据进行解密。

④密钥档案:出于对密钥历史恢复、审计和解决争议的考虑,密钥历史档案由 CA 储存。

(一)密钥的备份

用户在申请证书的初期,如果使用数据加密来注册公/私钥对,那么为了保证数据的保密性和安全性,可以信任的第三方机构便会在初始化阶段对这一用户的密钥和证书进行备份。

需要注意的是，有一种情况用户的私钥是禁止备份的，也就是该私钥的目的是用于数据签名的，而数字签名又是用于支持不可否认性服务的，进而又要配合时间戳服务，简单地说就是数字签名具有时间性要求，私钥既不能备份也不可以恢复，所以这种用户私钥是坚决不能备份的。

（二）密钥的恢复

在密钥管理生命周期的颁发阶段，就可以进行密钥的恢复。密钥恢复能够将终端用户丢失的加密密钥寻找回来，这也是它的主要功能。密钥的恢复工作一般情况下都是由可信度高的密钥恢复中心或CA来完成。密钥的恢复方式主要有两种：第一，远程设备恢复；第二，本地设备恢复。为了使可扩展性更好地实现，并且最大限度地减小PKI管理员和终端用户的负担，恢复过程必须尽量自动化和透明化，不管是哪种综合的生命周期管理协议，都必须具备这一功能。与密钥备份相同，密钥的恢复也只适用于用户的加密密钥。

（三）自动更新密钥

受一些理论因素和实际操作因素的影响，任何一个证书都是有有效期的。在很多环境当中，对于可操作的PKI来说，自动密钥更新具有非常重要的作用，同时，它也是PKI定义的一个组成部分。在证书快要过期时，就要重新颁发一个新的公/私密钥和相关证书，这就是所谓的密钥更新。

密钥和证书在更新时，可能会产生延时和间隔，所以为了避免终端实体在处理交易时产生不必要的中断，在证书过期之前，就应该进行密钥和证书的更新。受扩展性要求的影响，自动更新密钥这一过程不仅应该是自动的，并且对于终端用户来说，还应该是透明的。

（四）证书更新与证书恢复

证书更新和证书恢复是两个不同的概念。因为证书更新是在证书中产生了一个新的公钥/私钥对，而证书恢复所恢复的是最初的公钥/私钥对。正是由于最初证书颁发的有关环境没有发生任何变化，证书才能够被恢复，并且恢复后的公/私钥对依然被认为是可信的。

四、数字证书的认证过程

（一）证书拆封

对发行者CA的公钥是否能正确解开客户实体——证书中的"发行者的数

字签名"进行验证的过程即为证书的拆封。在经过交换传递之后，就要对两个证书进行拆封，根据能否被拆封，来确定这一证书是否是由可信任的第三方 CA 机构签发的。之所以要对证书或证书链进行拆封的操作，目的就是为了获得相对应的公钥。如果能正确解开，输出结果即用户的公钥，也就是说，被验证的这个签名是正确的，反之，就是错误的。

（二）序列号验证

为了验证证书的真伪，对实体证书中的签名实体序列号与签发者证书的序列号是否一致进行检查，这一过程就是序列号的验证。如果用户实体证书中的签发证书的序列号与 CA 证书中的证书序列号一致，则认为该证书是由可信任的认证机构 CA 所签发，反之则不是。

（三）有效期验证

对用户证书使用日期的合法性和期限进行检查，即有效期验证，其具体做法如下所示。

①不管是用户实体证书的有效期还是私钥的有效期都应该在 CA 证书的有效日期之内，如超过，则实体证书应作废，否则很有可能会给交易带来一定的风险。

②用户实体证书有效期中的截止日期应在 CA 证书的私钥有效期日期之内，否则证书存在风险。

（四）撤销列表查询

对用户的证书是否作废进行检查，如已作废，则应发布在证书撤销列表中，这就是撤销列表查询。如果因为私钥泄密等一系列原因需要废止一个实体证书，则应该第一时间向 CA 声明作废。之后，CA 实体再通过目录访问协议（LDAP）标准协议以 X.500 的格式发布到证书库中，以方便访问时实体间进行开放式查询。

除上述证书认证外还包括证书使用策略的认证、证书链认证以及最终用户实体证书的确认。

第四节 多变量公钥密码系统

一、多变量公钥密码体制的产生和现状

（一）多变量公钥密码体制的产生

非对称加密算法（RSA）密码体制的安全性基于我们没有任何快速的算法来分解整数。然而，由于目前整数分解的快速算法的发展，RSA 必须选择更大的参数来维持其安全性。这样就使得 RSA 不能用于诸如无线传感器网络和动态射频识别（RFID）标签等计算能力有限的设备。

此外，近年来，量子计算机的出现及其发展也对 RSA 产生了新的威胁。1994 年，何彼得（Peterhor）发现了一种在量子计算机上多项式时间运行的整数因子分解算法。这意味着人们一旦能开发出实用的量子计算机，那么 RSA 密码体制将不再安全了。我们应当严肃对待这种威胁，因为目前已经做了大量研制量子计算机的努力，并且在 2001 年已经构造出了小型的示例型量子计算机。该计算机用 Shor 算法成功分解了整数 15，尽管目前我们没有大容量的量子计算机，但是我们也有必要去寻找高效安全的公钥密码系统来代替 RSA 密码系统。

目前已有很多选择来代替 RSA，如椭圆曲线密码系统、基于格的密码体制等。多变量公钥密码体制被认为是一种有着更好性质的选择。由于我们选择了很小的有限域，所以多变量公钥密码体制的计算速度非常快。此外，还有一些多变量公钥密码体制取得了巨大的成就。

（二）多变量公钥密码的研究现状

多变量公钥密码系统从产生到现在，人们对它的研究已经有几十年的时间了，研究的主要成果在自 1985 年以来的论文集当中都有记载。

在目前为止所提出的众多有关多变量公钥密码体制和变形的方法当中，较为著名的体制类型大致有以下三种：第一，隐域方程（HFE）；第二，不平衡油醋（UOV）；第三，三角体制等。较为常用的变形方法主要有以下几种：第一，减；第二，加；第三，子域；第四，分支；第五，醋变量；第六，内部扰动；第七，固定；第八，隐藏等。但是考虑到安全性或代价等方面的因素，一些变形方法已经慢慢被否定，只有很少一部分变形方法被保留了下来。

近几年，随着研究的深入，又出现了概率化多变量体制，也就是在多变量

体制中应用概率验证的思想，并且，在构造 Hash 函数时也利用了多变量多项式构造，除此以外，文献当中还出现了一些其他思想。

多变量体制的设计思想可根据中心映射所在的域和公钥所在域的关系，分为以下两种。

①小（基）域（Single-field 或者 Small-field）思想。它的中心方程是建立在小的基域上的，它直接作用对象是基域变量，常见的有 UOV 和 STS 体制等。

②大（扩）域（Big-field）思想。它的中心映射是建立在某一基域的 n 次扩域上的。中心映射为单变量形式是大域的思想，换句话说就是大域的分量几乎包含了所有的变量。

近几年新提出的中等域等式多变量公钥密码（MFE）体制的设计思想就是介于小域思想和大域思想之间的，也就是说，域的分量只有部分明文变量，中心映射是多变量的形式的，故也被称之为"中间域"思想。

按照攻击的目的，可将多变量公钥密码分析方法分为以下两种。

①逆恢复：给定加密体制的公钥和密文，从而找出相应的明文；给定签名体制的公钥，从而伪造签名。

②密钥恢复：直接根据给定的公钥，对相应的私钥进行恢复。实际上，密钥恢复指的是能够对"等价"的私钥进行刻画或恢复。

针对多变量密码体制的分析工具和方法，最常用的有以下几种：第一，强力搜索；第二，差分分析；第三，解非线性方程；第四，秩攻击；第五，线性关系。其中，解非线性方程主要是 XL 算法和 Gröbner 基算法，而秩攻击包括高秩、低秩以及油醋分离攻击。

总的来说，多变量密码系统能够应用到实际当中的还是非常有限的，对于它的研究也依然不是很成熟。从目前来看，PMI+ 是唯一一个相对较为安全的加密体制，而大多数方案，已被秩攻击、线性化方程或其他特殊的攻击方法等所攻破，应用了内部扰动思想的 HFE，即 IPHFE 也被攻破。因此，对多变量密码算法的设计还需不断地深入研究和应用新的思想，这也是目前的研究热点。

事实上，除了上述内容，多变量公钥密码系统的研究还体现在对概率化方法的改进、对内部扰动变形的分析，以及对用多变量多项式构造 Hash 函数的分析和高阶分析等，而关于多变量体制可证明安全性的研究则需要投入更多的研究力量。

二、基本概念

有限域、多项式环、MQ-问题以及仿射变换等都是多变量公钥密码系统中最基本的概念,我们首先介绍域和扩域。

(一)域及扩域

域是在一个非空集合中定义了两种运算的代数系统。如果把这两种运算分别称之为"加($\oplus$)"和"乘($\otimes$)"的话,则该代数系统定义如下所示。

1. 域

设 F 是一个集合,在 F 上定义了两种运算 $\oplus$ 和 $\otimes$,如果满足以下性质,则称 $(F,\oplus,\otimes)$ 为一个域。

①加法结合律。对任意的 $a,b,c \in F$,有 $(a \oplus b) \oplus c = a \oplus (b \oplus c)$。

②加法交换律。对任意的 $a,b \in F$,有 $(a \oplus b) = (b \oplus a)$。

③F 中存在加法单位元。即存在 $e \in F$,满足对任意的 $a \in F$,有 $a \oplus e = a$。通常记加法单位元为 0。

④任何元素存在加法逆元。即对任意的 $a \in F$,存在 $a' \in F$,满足 $a \oplus a' = 0$ 满足①—④,则 $(F,\oplus)$ 构成一个加法交换群。

⑤乘法结合律。对任意的 $a,b,c \in F$,有 $(a \otimes b) \otimes c = a \otimes (b \otimes c)$。

⑥乘法交换律。对任意的 $a,b \in F$,有 $(a \otimes b) = (b \otimes a)$。

⑦F 中存在乘法单位元。即存在 $e \in F$,满足对任意的 $a \in F$ 有 $a \otimes e = a$。通常记乘法单位元为 1。

⑧任何元素存在乘法逆元。即对任意的 $a \in F^*$,其中 $F^* := F/\{0\}$,存在 $a' \in F^*$,满足 $a \otimes a' = 1$,满足⑤—⑧,则 $(F,\otimes)$ 构成一个乘法交换群。

⑨分配律。对任意的 $a,b,c \in F$,有 $(a \otimes b) \oplus c = (a \otimes b) \oplus (a \otimes c)$。

注:如果满足①—⑤及乘法对加法的左右分配率:
$$a \otimes (b \oplus c) = (a \otimes b) \oplus (a \otimes c),$$
$$(b \oplus c) \otimes a = (b \otimes a) \oplus (c \otimes a),$$

则称 $(F,\oplus,\otimes)$ 为一个环。

这里,符号 $\oplus,\otimes$ 表示某种代数运算,为一种抽象表示,也常写作 $+,\times$。

2. 有限域

如果域 F 所含元素的个数是有限的,则称 F 为有限域,也称为伽罗瓦(Galois)

域。域中元素的个数称为该域的阶数，q 阶有限域，即 $|F|=q(q \in N)$，常记为 $F=GF(q)$ 或 F_q。

对有限域的阶数，有这样的结论：有限域的阶要么为一个素数，要么为一个素数的幂。

3. 素域

设 q 是一个素数，集合 F 为 $\{0, \cdots, q-1\}$，加法和乘法运算分别取为通常的模 q（即 mod q）的整数加法和整数乘法运算，则称 $(F,+,\times)$ 为一个素域。

4. 域上的多项式环

含有一个未定元 x 的域 F 上的多项式定义为

$$f(x) = f_n x^n + f_{n-1} x^{n-1} + \cdots + f_1 x + f_0, \quad f_i \in F, \quad i = 0, 1, \cdots, n$$

且用 $F[x]$ 表示系数取自域 F 的一切多项式的集合，则该集合关于多项式的加法和乘法构成环。

5. 不可约多项式

设有限域 $Fq = GF(q)$，$F_q[x]$ 为 $GF(q)$ 上的多项式环，如果 $f(x)$ 在 $F_q[x]$ 中除了常数 $c \in F_q$ 和常数与本身的乘积 $cf(x)$ 外没有其它因式，则 $f(x)$ 称为不可约多项式，也称为既约多项式。

6. 本原多项式

设 $f(x)$ 是 $F_q[x]$ 上 n 次不可约多项式，如果满足 $f(x) | x^l - 1$ 的最小正整数 l 为 $q^n - 1$，则称 $f(x)$ 为 $F_q[x]$ 上的本原多项式。

7. 域的扩张

设 F 是一个域，$i(t) \in F[t]$ 是一个 n 次既约多项式，以 $i(t)$ 为模的剩余类的全体构成一个环，称为多项式剩余类环，记为 $E := F[t]/i(t)$，其中"加"法运算即为通常的多项式加法，"乘"法运算为多项式模既约多项式 $i(t)$ 的乘法。那么称 $(E,+,\times)$ 为一个多项式域，也称之为基域 F 的 n 次扩域。

8. Frobenius 自同构

设 F 是一 q 阶有限域，即 $|F|=q$，则对任意的 $x \in F$ 有 $x^q = x$，称该映射为 Frobenius 映射。

9. 扩域与向量空间的同构

设 F 是有限域，F^n 为向量空间，F 的 n 次扩域为 E。对扩域 E 的任意元素 $A \in E$，A 可表示为

$$A = a_{n-1}t^{n-1} + \cdots + a_1 t + a_0, \quad a_i \in F,$$

对向量空间 F^n 的任意元素 b，b 可表示成 $(b_1, \cdots, b_n)$，则 E 和 F^n 之间存在同构对应关系。

$$\psi: E \to F^n$$
$$a_{n-1}t^{n-1} + \cdots + a_1 t + a_0 \to (b_n, \cdots, b_1)$$

也即有 $\psi(\psi^{-1}(b)) = b$，$\psi^{-1}(\psi(A)) = A$。

（二）MQ-问题

多变量公钥密码体制的安全性是基于有限域上求解一族多变量非线性多项式方程：

$$p_1(x_1, \cdots, x_n) = p_2(x_1, \cdots, x_n) = \cdots = p_m(x_1, \cdots, x_n) = 0$$

为一 NP-C 问题，其中 p_i 的系数和变量均取自有限域 $F = GF(q)$（通常 $q > 2$）。由于方程 p_i 常取为二次方程，对应的该问题被称作 MQ-问题（MQ-Problem）。已经证明 MQ-问题是一 NP-C 问题，即使选取最小的域 GF（2）。

二次多项式方程的一般形式可表示如下。

$$\begin{cases} p_1(x_1, \cdots, x_n) := \sum_{1 \leq j \leq k \leq n} \gamma_{1,j,k} x_j x_k + \sum_{j=1}^{n} \beta_{1,j} x_j + \alpha_1 \\ p_i(x_1, \cdots, x_n) := \sum_{1 \leq j \leq k \leq n} \gamma_{i,j,k} x_j x_k + \sum_{j=1}^{n} \beta_{i,j} x_j + \alpha_i \\ p_m(x_1, \cdots, x_n) := \sum_{1 \leq j \leq k \leq n} \gamma_{m,j,k} x_j x_k + \sum_{j=1}^{n} \beta_{m,j} x_j + \alpha_m \end{cases}$$

其中系数 $\gamma_{i,j,k}$ 为二次项系数，$\beta_{i,j}$ 为一次项系数，α_i 为常数项系数，且 $\gamma_{i,j,k}$，$\beta_{i,j}$，$\alpha_i \in F$。

由于该组方程可看成从 $F^n \to F^m$ 上的一个多项式向量 $(p_1(x_1, \cdots, x_n), \cdots, p_m(x_1, \cdots, x_n))$，因此常记为 $MQ(F^n, F^m)$；当 $n = m$ 时，则简记为 $MQ(F^n)$。

第九章 计算机病毒的防治

计算机病毒对计算机系统的危害是众所周知的。最初的计算机病毒仅仅在单机中传播，随着计算机信息技术的不断发展，造成了计算机病毒越来越多的传播，其危害性引起人们的重视。因此，需要掌握计算机病毒防治的相关知识。本章分为计算机病毒的特点与危害、典型计算机病毒分析、计算机病毒的症状、病毒与漏洞的关系、防杀网络病毒的软件五部分，主要包括计算机的病毒的特点、计算机病毒的传播途径、宏病毒概述、病毒发作时的症状等内容。

第一节 计算机病毒的特点与危害

一、计算机病毒的概念

与生物病毒一样，计算机病毒也具有独特的复制能力，具有传染性和破坏性。计算机病毒是根据计算机硬件和软件的弱点编制出来的具有特殊功能的程序。计算机病毒不是自然与生俱来的，而是有些人特意编制的具有特殊功能的程序。计算机病毒的制造者可能出于恶作剧的心态，也可能只是简单地炫耀自己的编程技能，还可能是基于某种形式的报复，甚至是基于一定的军事、政治或商业目的。

1983年11月10日，美国黑客弗雷德·科恩（Fred Cohen）以测试计算机安全为目的，编写并发布了首个计算机病毒。从广义上讲，凡能够引起计算机故障，破坏计算机数据的程序统称为计算机病毒。依据此定义，诸如逻辑炸弹、蠕虫等均可称为计算机病毒。

二、计算机病毒的结构

（一）引导部分

引导部分是指病毒的初始化部分，它的作用是将病毒主体加载到内存，为传染部分做准备。另外，引导部分还可以根据特定的计算机系统，将分别存放的病毒程序连接在一起重新进行装配，形成新的病毒程序，破坏计算机系统。

（二）传染部分

这部分是将病毒代码复制到传染目标上去。病毒一般复制速度比较快，不会引起用户的注意。病毒在对目标进行传染前要判断传染条件。不同类型的病毒在传染方式、传染条件上各有不同。

（三）表现部分

引导部分和传染部分为表现部分服务。表现部分是破坏被传染系统或在被传染系统上表现出的特定现象，是病毒中最灵活的一部分，完全根据编制者的不同目的而千差万别。

三、计算机病毒的特点

（一）传播性

计算机病毒的传播性是指病毒具有把自身复制到其他程序、中间存储介质或主机的能力。传播性是计算机病毒最重要的特征，病毒程序正是依靠传播性将病毒广泛传播。计算机病毒具有再生机制，编制者一般通过某种方式让其具有自我复制的能力，让病毒将复制品或变种传播到其他程序体上。从早期的软盘感染到现在的网络传播，计算机病毒的复制能力和速度变得突飞猛进。由于目前计算机网络日益发达，计算机病毒可以在极短的时间内，通过像 Internet 这样的网络进行传播和扩散，完成诸如强行修改计算机程序和数据等任务。

（二）非授权性

通常情况下，应用程序由用户执行，然后计算机系统进行资源配置，执行用户交付的任务。计算机病毒获得应用程序的通用特性后，隐藏在应用程序、系统中或隐蔽在比较深入的地方。一旦用户执行被感染的应用程序，病毒会率先执行。对用户来说，病毒是未经用户允许的，具有非授权性。

（三）隐蔽性

为了避免用户或杀毒软件发现，病毒一般都非常短小精悍，附着在正常程序或磁盘中比较隐蔽的地方，或者实现自身的隐藏。如果不进行代码分析，就不容易区分病毒程序和正常程序。这种隐蔽性让病毒在用户未察觉的情况下飞速扩散。目前病毒一般只有几十或上百 K 字节，所以病毒瞬间便可将自身附着到正常程序之中。不过，近年来，一些病毒采用增肥技术，使得自身的文件体积变得非常庞大，以避免自身被安全软件上传到云服务器，从而逃避云查杀。

（四）潜伏性

传统的病毒在感染程序或系统后不会马上发作，而是长期潜伏在程序或系统中的，只有满足其特定的条件时才会启动其表现部分。在潜伏期中，病毒程序只要在可能的条件下就会不断地进行自我复制和繁殖，即使是专业的杀毒软件，也不能保证识别出全部的病毒。病毒想方设法隐藏自身，以免在病毒发作之前被发现。

随着病毒技术的发展以及病毒编写目的的改变，目前很多的计算机病毒都以获取经济利益为主要目的，它们进入系统之后便开始对计算机系统进行监控，以获取有价值的信息（如各类账号、口令，或文档等）。由于没有了传统的、可直观感知的表现，且需要尽快榨取目标机器价值，因此，也就没有了严格的潜伏阶段。

（五）破坏性

大多数计算机病毒在发作时都具有不同的破坏性，有的干扰计算机系统的正常工作，有的严重消耗系统资源（如不断地复制自身，消耗内存和硬盘资源等），而更严重的则直接篡改和删除磁盘数据或文件内容，甚至直接损坏计算机硬件等，破坏操作系统的正常运行。病毒程序的表现性或危害性体现了病毒制造者的真正意图。无论何种病毒程序，一旦入侵系统都会对操作系统的运行造成不同程度的危害，这也是病毒制造者的目的。

（六）不可预见性

不同种类的病毒，其代码千差万别，但有些操作是共有的。因此，有的人利用了病毒的共性，制作了检测病毒的软件。但是由于病毒的更新极快，这些软件也只能在一定程度上保护系统不被已经发现的病毒感染，新的病毒以何种形式传播并危害计算机是无法预见的。从这个意义上来说，病毒对反病毒软件永远是超前的，其在个体设计上具备不可预见性。这种超前性并不代表反病毒人员应当被动地接受、应对病毒，反而应使反病毒人员积极面对病毒。

计算机网络将被越来越多地应用于生活的各个角落，病毒将无处不在，延续其巨大的危害性，相应的计算机网络安全问题将在计算机网络中占据举足轻重的地位。反病毒技术研究是一件颇具难度的事情，但同时又是一项意义重大的研究，它致力于消除计算机病毒，维护网络安全。

（七）可触发性

计算机病毒通常具有一定的针对性，其某些功能的运行需要特定的触发条件。病毒触发的实质是一种条件的控制，即根据编造者的目的，在特定的条件下进行攻击，这个条件可以是特定字符、特定文件、特定时刻、特定时间、特定次数、特定的程序启动等。

四、计算机病毒的传播途径

（一）通过互联网传播

使用互联网方便快捷，既能降低运作成本，还能提高工作效率。电子邮件、浏览网页、下载软件、通信软件、网络游戏等都通过互联网来进行，其使用十分频繁，是许多计算机病毒的传播途径。

1. 通过电子邮件传播

随着互联网的日益普及，许多商务信息都通过电子邮件传递，而病毒也随之将其作为传播的载体。最为常见的是通过互联网交换 Word 格式的文档。如果电子邮件中携带病毒，就会造成用户的计算机感染病毒。对于此类传播途径，用户应该提高安全意识，不轻易打开陌生邮件。

2. 通过浏览网页传播

用户在浏览网页后，可能出现 IE 标题被修改、自动打开窗口、被迫登录某一网站、被强制安装软件等情况，这就是病毒通过网页传播的体现。应对此类病毒的方式是养成良好的上网习惯，不随便点击那些充满诱导性的网站，保证计算机始终处于安全环境中。

3. 通过下载软件传播

目前，互联网上的软件下载网站众多，为了获得更多的经济收益，大部分下载网站开始与各类广告商或者相关厂商进行合作，这使得网站本身已远不如最初单纯：一方面，页面中布满了下载链接，而且具有极大欺骗性，用户很难直接从下载网站中找到自己的目标软件；另一方面，部分下载网站提供的软件经常被捆绑或感染了病毒，这使得其成为病毒传播的一个重要渠道。

4. 通过即时通信软件传播

即时通信软件用户众多，加之其自身存在一定的安全缺陷，导致病毒能够轻易获取传播目标。更多的时候，通过即时通信软件传播的病毒是在陆续发现中，而且有越演越烈的态势。应对此类病毒传播的方式是不随意点击好友发送的可疑文件，首先应确认是否是真的好友所发，地址信息是否可疑等，此类文件通常伪装成诱人的图片或好玩的游戏等。

5. 通过网络游戏传播

网络游戏已经成为目前网络活动的主体之一，许多人通过网络游戏来丰富业余生活，缓解生活压力。在网络游戏中，对玩家来说最重要的就是道具、装备等虚拟物品。这些虚拟物品会随着时间的积累成为具有真实价值的东西。随着这种虚拟物品交易的发展，逐渐出现了偷盗虚拟物品的现象。网络游戏需要通过互联网才能运行，偷盗游戏账号和密码的木马病毒层出不穷。应对此类传播方式，需要加强主机的安全性，设置较为复杂的密码，不在网吧等公共环境上网。

（二）通过局域网传播

网络共享是局域网用户常用的一种数据分享和交互方法。在计算机被感染部分病毒后，病毒将主动扫描局域网中的共享文件夹，对于可写文件夹中的可执行程序，则可以进行感染操作，或者直接将病毒程序写入目标共享文件夹之中，以伺机运行感染目标系统。防范这类病毒传播的方法是及时为系统安装补丁，关闭不必要的共享和端口。

（三）通过可移动储存设备传播

可移动储存设备主要包括 U 盘、可移动硬盘等，另外手机、数码相机、数码摄像机、平板电脑等现代数码产品在接入电脑时，也可以作为一个可移动存储介质进行处理。目前，可移动存储设备已是主要的病毒传播媒介之一。例如，由于 U 盘的便携性且存储容量较大，用户对 U 盘的使用频率很高。一些被感染的计算机文件就以可移动磁盘为传输介质实现了大范围的传播。用户在公共场所使用可移动储存设备时应该谨慎，以免感染病毒。

（四）通过计算机硬件设备传播

这种病毒的传播途径是通过不可移动的计算机硬件设备进行传播，其中计算机硬盘和专用集成电路芯片（ASIC）是病毒主要的传播媒介。通过 ASIC 传播的病毒较少，但危害性极强，计算机一旦被感染，就会损坏计算机硬件。防范这类病毒传播的方法是养成定期使用正版杀毒软件查杀病毒的习惯。

五、计算机病毒的分类

（一）基于破坏程度分类

1. 良性病毒

良性病毒是指不直接对计算机系统产生破坏作用的病毒。良性病毒不破坏计算机内的数据，却会造成计算机程序的工作异常。良性病毒在获取系统控制权限后，会与操作系统和应用程序争取 CPU 的控制权，影响系统的运行速度，减少内存容量，使得一些应用程序不能正常运行。

2. 恶性病毒

恶性病毒是指病毒在传染或发作过程中对计算机系统产生直接的破坏作用，影响计算机系统的操作。一般情况下，计算机在感染恶性病毒后没有异常的表现，但恶性病毒发作后可能会篡改、删除计算机的数据文件，甚至格式化硬盘。

（二）基于传染方式分类

1. 引导型病毒

引导型病毒主要通过软盘在计算机系统中传播，首先感染引导区，然后蔓延到硬盘。引导型病毒可感染硬盘或软盘的引导扇区，病毒体积较小时，引导型病毒可存储在磁盘的引导扇区；病毒体积较大时，其分为两个部分，一部分存储在引导扇区，另一部分存储在保留扇区。

2. 文件型病毒

文件型病毒又称寄生病毒，主要通过计算器存储器感染可执行文件。一旦用户执行被感染的文件后，病毒先于文件运行，伺机感染其他文件。文件型病毒依附在不可执行的文件中是没有意义的，只有运行可执行程序时病毒才能调入内存运行。文件型病毒可以分为以下几类。

① DOS 病毒：感染 DOS 中的可执行程序。

② Windows 病毒：感染 Windows 中的可执行程序。

③宏病毒：感染带有宏功能的应用文件中的宏。

④脚本病毒：当病毒进入一个存在脚本宿主程序的系统时会激活。

⑤ Java 病毒：嵌入在用 Java 编程语言编写的应用中。

⑥ Shockwave 病毒：感染 .swf 文件。

3. 混合型病毒

混合型病毒是引导型病毒和文件型病毒的结合，综合了这两类病毒的特征，并以相互促进的方式感染。混合型病毒既能感染引导区，又能感染可执行文件，提高了病毒的感染性。无论以何种方式传染，只要点击被感染的磁盘或文件，就会扩大病毒的传染范围，难以清除干净。

（三）基于链接方式分类

1. 源码型病毒

源程序是源码型病毒的攻击目标。一般情况下，病毒编制者在源程序编译前将病毒代码植入源程序，在源程序编译后，病毒就变成以合法身份存在的非法程序。源码型病毒较为少见。

2. 入侵型病毒

入侵型病毒具有很强的针对性，可以用自身代替宿主程序中的堆栈区或模块，只攻击特定的程序。这种病毒的编写也很困难，因为病毒遇见的宿主程序千变万化，病毒在不了解其内部逻辑的情况下，要将宿主程序拦腰截断，插入病毒代码，而且还要保证病毒程序能正常运行。

3. 外壳型病毒

外壳型病毒是病毒将自身依附在宿主程序的头部或者尾部，为其增加一个外壳。外壳型病毒不修改宿主程序。外壳型病毒容易编写，而且比较常见，大部分文件型病毒都属于外壳型病毒。

4. 操作系统型病毒

操作系统型病毒用自己的逻辑部分取代或加入操作系统中的合法程序模块，具有很强的危害性，可能会造成计算机系统瘫痪。典型的操作系统型病毒包括大麻病毒、圆点病毒等。

六、计算机病毒的危害

（一）破坏数据信息

病毒传染和发作时直接破坏计算机系统的数据信息。许多病毒在发作时会通过改写文件、删除重要文件、改写文件目录区、格式化磁盘、破坏 CMOS 设置等直接破坏计算机的数据信息。

（二）占用磁盘空间

通过磁盘传播的病毒会非法占用磁盘空间。引导型病毒自身占据引导扇区，将原来的引导区转移到其他扇区，被覆盖的扇区数据将会永久性丢失；文件型病毒利用 DOS 功能检测磁盘的未用空间，并将传染部分写入未用空间。文件型病毒会感染大量文件，加强文件长度，占用磁盘空间。

（三）抢占系统资源

大多数病毒在活动状态下都是常驻内存的，这就必然会抢占一些系统资源。病毒抢占内存，可能造成一些较大的应用程序无法正常运行。另外，病毒还抢占中断，修改一些中断地址，影响系统的正常运行。网络病毒会占用大量网络资源，导致网络通信十分缓慢。

（四）影响运行速度

病毒进驻内存后，不仅会影响计算机系统的正常运行，还会影响计算机的运行速度。一些病毒为了保护自己，不仅加密磁盘上的静态病毒，还加密内存中的动态病毒。CPU 在寻找病毒位置时会额外执行无数条指令，将病毒解密成合法的 CPU 指令，明显减慢系统的运行速度。

（五）衍生变种病毒

计算机病毒的来源之一是变种病毒。有些计算机初学者尚未具备独立编制软件的能力，但出于好奇心，修改别人的病毒，就可能衍生出变种病毒。计算机病毒错误产生的危害可能比病毒本身还大。

（六）影响用户心理

计算机病毒会影响用户心理，给用户带来心理压力。如果计算机出现死机、运行异常等现象，用户就会怀疑可能存在病毒。但实际上，在计算机工作异常时，用户很难准确判断是否为病毒所为。大多数用户对病毒采取宁可信其有的态度，这对保护计算机安全是很必要的。

第二节　典型计算机病毒分析

一、宏病毒

（一）宏病毒的概念

宏病毒是用宏语言编写的程序，能够在数据处理系统中运行，主要在微软的办公软件系统、文字处理、电子数据表和其他 Office 程序中存在。

（二）宏病毒的特点

①感染数据文件。一般病毒感染程序，不感染数据文件，而宏病毒专门感染数据文件。

②多平台交叉感染。宏病毒突破了以往病毒在单一平台上传播的情况，当应用程序在不同平台上运行时，会被宏病毒交叉感染。

③容易编写。以往病毒为二进制的机器码形式，而宏病毒为源代码形式，编写和修改宏病毒更为容易。

④容易传播。用户一旦打开携带宏病毒的邮件，计算机就会被宏病毒感染，之后新建或打开文件时都有可能感染宏病毒。

（三）宏病毒的原理

宏可以记录过程与命令，并将这些过程与命令赋值到组合键或工具栏的按钮上，当按下组合键时，计算机就会重复记录操作。所谓宏，就是指一段类似于批处理命令的多行代码的集合。在 Word 中可以通过 Alt+F8 查看存在的宏，通过 Alt+F11 调用宏编辑窗口。设计宏的初衷是为了简化人们的工作，但是这种自动执行的特性也给宏病毒的发展打开了方便之门。

在 Word 或者其他 Office 程序中，宏分成两种：一种是每个文档中间包含的内嵌的宏，譬如 FileOpen 宏；另外一种是属于 Word 应用程序，为所有打开的文档共用的宏，譬如 AutoOpen 宏。任何 Word 宏病毒一般首先都是藏身在一个指定的 Word 文件中，一旦打开了这个 Word 文件，宏病毒就被执行了，之后宏病毒要做的第一件事情就是将自己拷贝到全局宏的区域，使得所有打开的文件都会使用这个宏。当 Word 退出的时候，全局宏将被存放在某个全局的模板文件中，这个文件的名字通常是"NORMAL.DOT"，也就是 Normal 模板。如果这个全局宏模板被感染，则 Word 再启动的时候会自动装入宏病毒并且执行。由于现在 Office 文档交流比较广泛，因此宏病毒借此可以大面积传播。

一般来说，宏病毒通过感染 Office 文件或者模板来传播自己。病毒在获得第一次控制权以后，就会将自己写入 Word 模板。这样，以后每次 Word 进行打开、新建等操作时，就会调用病毒代码，并且将病毒代码写到刚才打开或新建的文件中，以达到感染传播的目的。

二、蠕虫病毒

（一）蠕虫的概念

蠕虫病毒是一种通过网络传播的恶意病毒，其本身不具有太大破坏特性，以消耗系统带宽、内存、CPU 为主。这类病毒最大的破坏之处不是对终端用户造成麻烦，而是使网络的中间设备无谓耗用。

蠕虫病毒主要包括两部分，即主程序和引导程序。

①主程序。主程序的主要功能为扫描与搜索。主程序能够获取计算机系统的公共配置文件，得到本机联网的客户端信息，搜索网络中的哪台主机没有被占用，进而通过漏洞将引导程序建立到远程计算机上。

②引导程序。引导程序是蠕虫病毒主程序或一个程序段的副本。与主程序相同，引导程序也具有自动重新定位的功能。主程序或程序段能够将其副本重新定位在另一台主机上。

（二）蠕虫的特点

蠕虫利用漏洞进行自主传播，因此其具有传播速度快、爆发性强的特点，可以在短时间内感染大量系统。

可以将网络蠕虫的感染阶段分为慢启动期、快速传播期、慢结束期以及衰亡期。在蠕虫传播的初始阶段，由于被感染主机较少，被感染主机数量增长较慢，此阶段为慢启动期。

在感染一定数量的主机后，由于其增长基数变大，被感染主机数量会呈指数级增长，蠕虫感染进入快速传播期。在此阶段，蠕虫增长最快，往往呈现爆发性增长，对网络造成的危害最大，也是蠕虫传播阶段中最重要的一个时期。

之后随着网络上大部分带有漏洞的主机被感染，网络上可被感染的主机数减少，大量蠕虫对网络性能的破坏会进入慢结束期，感染速度减缓，被感染主机数量渐趋平稳。

到最后，随着针对蠕虫的清除工具被开发或针对相关漏洞的补丁发布，蠕虫继续传播的条件不复存在，蠕虫传播会进入衰亡期，被感染主机数量会逐渐减少，直至所有主机上的蠕虫被清除。

（三）蠕虫的行为特征

1. 主动攻击

蠕虫作为黑客入侵计算机的自动化工具，被释放后会自动搜索漏洞，并根据搜索结果攻击系统、复制副本。

2. 行踪隐蔽

蠕虫在传播过程中不需要用户的辅助工作，如打开文件、浏览网页、执行文件、阅读邮件等，所以在蠕虫传播的过程中计算机使用者基本上不可察觉。

3. 利用漏洞

蠕虫传播的前提是计算机系统中存在漏洞。蠕虫会利用这些漏洞获取计算机系统的权限，完成传播和复制。这些漏洞可能是系统本身的问题，可能是应用程序的问题，也可能是网络管理人员的配置问题。

以上描述主要针对蠕虫个体的活动行为特征，当网络中多台计算机被蠕虫感染后，将形成具有独特行为特征的"蠕虫网络"。

三、木马病毒

（一）木马的概念

木马是指通过入侵计算机，能够伺机盗取账号密码的恶意程序，它是计算机病毒中的一种特定类型。木马通常会采用每次用户启动时自动装载服务端，如 Windows 系统启动时自动加载应用程序的方法。木马会在用户登录账号的过程中记录用户的账号与密码，并将窃取的信息自动发送到黑客预先指定的邮箱中。这会导致用户账号被盗用、财产被转移等。

（二）木马的特性

①欺骗性。欺骗性是特洛伊木马最显著的一个特点，也是其植入目标系统中的重要手段。

②隐蔽性。为了提高木马的隐蔽性，木马设计者会采取各种隐蔽手段，实现对进程、文件、通信端口甚至通信内容的隐藏。即使木马被发现，也因无法确定具体位置而难以清除。

③非授权性。木马同其他恶意代码一样，是非法进入目标主机系统中的。在进入受害者主机后，会执行一些非授权性的恶意行为。

④交互性。木马最大的特点之一是无论是信息获取型木马还是远程控制型木马，在受控电脑上执行的服务端程序最后都会与控制者掌握的客户端程序进行通信，回传有用信息或是接收控制命令。传统木马多以服务器/客户机（C/S）架构为主，而目前也出现了一部分浏览器/服务器（B/S）架构的木马程序。

（三）木马的连接方式

典型的木马通信过程可分为两个阶段：第一阶段，客户端与服务端通过各种手段在网络上搜寻对方，获取对方的连接信息，如 IP 地址、端口号等；第二阶段，双方凭此连接信息建立连接，实现通信功能。

木马客户端和服务端之间建立连接，必须知道对方的连接信息。服务端可以在上线后通过某种方式将其 IP 地址和端口等信息发送给客户端。在信息反馈的方式上，可以设置邮箱地址，服务端将自身 IP 发往客户端的邮箱中，也可以将服务端 IP 地址通过免费主页空间告知客户端。同理，客户端也可将自己的连接信息放在免费空间中，然后等待服务端从中获取连接信息。某些木马的服务端不具备通知功能，且客户端事先也不知道服务端的 IP 地址，此时客户端可以使用端口扫描功能获得安装了木马的主机 IP 地址。

早期木马大多采用客户端直连的方式，即正向连接，由木马客户端主动对木马服务端发起连接。后来由于防火墙技术的出现，会对由外向内的可疑网络连接进行拦截，因此出现了反向连接的木马，即由服务端向客户端发起连接以突破防火墙的拦截。木马建立连接的主要方式如下所示。

1. 正向连接

正向连接是传统的木马连接方式。因为木马是采用 C/S 通信模式的，所以其设计的连接模式：服务器端运行在被感染主机上，打开一个特定的端口等待客户端连接，客户端启动后连接服务器端，有效连接后攻击者就可以对目标机器进行操作。

正向连接是最传统的连接方式，为了实现正向连接，服务端应该具有公网 IP，而攻击者（客户端）则无须公网 IP。因为木马服务端中也没有攻击者的相关地址信息，采用此种方式的木马也可以较好地隐藏攻击者，增加对攻击者定位的难度。但由于其采用由外向内的连接，因此其容易被防火墙阻断而导致连接失败。同时，由于服务端的 IP 地址可能会经常变化，服务端的上线时间也并不确定，这些都会给攻击者连接被攻击者带来一定困难。

2. 直接反向连接

反向连接是指由木马的服务器端程序向客户端程序发起连接。反向连接主要有两种实现形式：一种是客户端与服务器端独立完成的，另一种是借助第三方主机中转完成的。

反向连接技术是为了突破防火墙而发展起来的。防火墙具有这样一种特点：对于连入连接往往会进行严格的过滤，但是对于连出的连接则疏于防范，不管什么防火墙都不能禁止从内网向外网发出的连接，否则内网将无法访问外网。因此采用由内向外的反向连接技术是规避防火墙过滤的有效手段。

采用反向连接的木马可以有效地突破防火墙而建立连接，但这样一来，在木马的服务器端中便会存有木马客户端的连接信息。因此一旦木马样本被捕获，客户端的地址信息也随之暴露，便可以较容易地追查到攻击的实施者。另外，在这种连接模式下，木马客户端也必须拥有外部IP以供被控端发起连接。

反向连接型木马除了可以较好地突破防火墙外，还可以第一时间获取服务端的上线信息，随时了解被控主机的上线状况，随时对被控主机进行相关操作，具有较好的实时性，同时也可以控制局域网内部的目标主机。

3. 通过第三方主机的反向连接

攻击者为了隐藏自己，并且获得较好的连接成功率，可以采用另一种反向连接形式，即两个主机间不直接进行通信，而是通过第三方的主机来进行中转。这种第三方主机通常被称为"肉鸡"，也就是被黑客植入远程控制木马，已完全取得控制权的机器。使用"肉鸡"的好处在于不但可以更容易地绕过防火墙，服务器端也可以自动连接客户端，还可以较好地保护攻击者真实的主机地址信息。但带来的缺点就是必须拥有稳定的"肉鸡"，这里的稳定性包括主机能被长期植入木马的稳定性，"肉鸡"主机本身系统的稳定性，以及肉鸡主机上线时间的稳定性。

对于反向连接来说，并不总是需要这么强大功能的"肉鸡"，有时只要求其具有连接代理的功能就可以了，甚至是只要拥有一个共同的第三方存储空间即可，双方都可以向第三方空间发送和下载数据。例如，通常可以使用一个公开的超文本传输协议（HTTP）空间作为第三方存储空间。这种反向连接方式不需要客户端主机具有公有IP，因此更加灵活。

第三节　计算机病毒的症状

一、病毒发作前的症状

①系统的运行速度变慢甚至出现死机情况。一些病毒会感染网页文件，被感染的逻辑盘目录中会出现 folder.htt、desktop.ini 等文件，病毒的交叉感染导致系统的运行速度变慢。蠕虫病毒发作后会利用发信模块疯狂发送携带病毒的邮件或开启上百条线程扫描网络，大量消耗系统资源，造成系统运行减慢，甚至死机。

②文件长度发生变化。被感染的文件型病毒的文件会增加长度。病毒会在感染过程中不断复制自身，占用硬盘的储存空间，减少硬盘的容量。一些系统中存在的缓存文件和网页残留信息不是病毒。

③系统中出现模仿系统进程名或服务名的进程或服务。打开"任务管理器"除了常见的系统进程外，出现一些明显模仿系统进程的进程名字，如病毒经常使用阿拉伯数字"0"来代替字母"o"，将 svchost.exe 伪装成 svch0st.exe。任务栏中输入 services.msc，可以查看系统中安装的服务。如果出现一些未知名的服务或明显伪装成系统服务的服务选项，则系统中可能被安装了木马。

二、病毒发作时的症状

①出现不相关的语句。

②莫名播放音乐或产生图像。这种计算机病毒大多属于良性病毒，会影响用户的显示界面。

③扰乱屏幕显示。病毒被激活时，会出现多种扰乱屏幕显示的现象，如显示内容不断抖动、遮挡显示内容等。

④硬盘灯不断闪烁。当硬盘有大量持续的操作时，硬盘灯会持续闪烁，如反复读取硬盘扇区、写入或格式化很大的文件等。

⑤破坏写盘操作。病毒被激活时，计算机不能进行写盘操作，或者只能进行只读操作，或者丢失部分文件内容。

⑥系统运行速度下降。病毒被激活时，病毒内的时间延迟程序启动，使计算机进行循环计算，导致空转，运行速度下降。

⑦破坏键盘输入。病毒激活时，会对键盘的输入进行破坏。常见的现象有每按一次键时，扬声器响一声；病毒将键盘封住，使用户无法从键盘输入数据等。

⑧扬声器中发出莫名的声音。有时病毒在发作时会使扬声器发出异样的声音，如扬声器鸣叫、滴嗒声、咔咔声、警报声等。

⑨侵蚀或占用大量系统内存。

⑩干扰计算机内部命令的执行。有时病毒在发作时会干扰 DOS 内部命令的执行，影响计算机的正常工作。

⑪ 计算机突然重启或死机。

⑫ 攻击 CMOS。在计算机的 CMOS 区中，存有系统重要的设置数据。有些病毒会对该区进行写入动作，破坏其中的重要数据。

⑬ 破坏文件。病毒激活时，有时会使用户打不开文件，或删除欲运行的文件；有时会保持文件的名称不变，而用其他的程序内容替换现在正在执行的文件；有时也会更改文件名。

⑭ 干扰打印机。病毒会修改系统数据区中有关打印机的参数，使系统对打印机的控制紊乱，出现虚假报警；病毒使打印机打印输出异常，打印时断时续；病毒将发送给打印机的字符进行替换，使打印的内容变形。

三、病毒发作后的症状

①硬盘数据丢失或无法激活。有些病毒会修改硬盘的内容，使得原先保存在硬盘上的数据几乎完全丢失；或破坏硬盘的引导扇区，导致无法激活。

②以前能正常运行的应用程序经常发生死机或者非法错误。病毒本身存在兼容性方面的问题会破坏程序的正常功能。

③系统文件被损坏或丢失。一些计算机病毒在发作时会破坏或删除系统文件，使计算机系统无法正常激活。

④文件目录发生混乱。发生文件目录混乱的情况有两种：一种是文件目录结构遭到破坏，目录扇区被作为普通扇区，填入无意义的数据；另一种是将目录区转入其他扇区中。

⑤文件内容颠倒。在使用这些文件之前，病毒预先将其内容恢复原样，并使用户觉察不到。这些文件是以被病毒颠倒后的形态存入磁盘的，一旦消除了病毒，由于无法恢复原内容，这些文件将全部报废。

⑥病毒破坏宿主程序。病毒对宿主程序的感染采用覆盖重写的方法，被覆盖宿主程序的源代码丢失，主程序被永久性损坏；病毒还能使宿主程序变成碎片。此类病毒是恶性病毒，宿主程序感染病毒后只能被删除。病毒的感染频率越高，其杀伤力越大。

⑦文件自动加密。一些病毒利用加密算法，将密钥保存在病毒程序内或其他比较隐蔽的地方。如果内存中有这种病毒，用户在访问被感染的文件时会将文件自动加密，而且病毒被清除后，被加密的文件较难恢复。

⑧禁止分配内存。有些病毒在植入内存后，会监视程序的运行，涉及分配内存的程序将受到阻碍。

⑨破坏光驱。光驱中的光头在读不到信号时会加大激光发射功率，导致光驱使用寿命减少。

⑩破坏显卡。有些病毒可以改动显卡的显频，使显卡超负荷工作，直到被烧坏。因此计算机死机时也要对显卡进行检查。

⑪出现花屏。用户在使用显示器的过程中出现花屏时，要及时关掉显示器的电源，重启后进入安全模式并查找原因。

⑫系统文件的大小、日期或时间等发生变化。病毒在感染文件后就自动地隐藏在文件的后面，会增加文件的大小，文件的日期和时间改为被感染的时间。

⑬磁盘空间迅速减少。这可能是由于计算机感染病毒造成的。经常浏览网页、临时文件过多等会让磁盘空间迅速减少；另外一种情况是内存交换文件数量会随着应用程序运行的时间和进程的数量增加而增长，而运行的应用程序数量越多，内存交换文件就越大，占用磁盘空间就越多。

⑭无法调用网络驱动器卷或共享目录，即有读权限的共享目录、网络驱动器卷等无法打开或有写权限的共享目录、网络驱动器卷不能创建、修改文件。病毒的某些行为可能会影响对网络驱动器卷和共享目录的正常访问。

第四节 病毒与漏洞的关系

一、漏洞的概念

漏洞是计算机系统中在软件、硬件、协议、系统安全策略等方面存在缺陷和不足。一旦发现漏洞，入侵者就能利用这个漏洞得到计算机系统的额外权限，在未授权的情况下访问甚至破坏系统，影响计算机系统的安全。

一个计算机系统自发布起，随着用户的深入使用，就会不断发现漏洞。较早被发现的漏洞会由系统供应商发布的补丁进行修补或者在后续的版本中进行修正。但新版本在修正旧版本漏洞的同时，也可能会出现一些新的漏洞。随着时间的推移，旧的漏洞会不断消失，新的漏洞会不断出现。

二、漏洞的分类

①按漏洞可能对系统造成的直接威胁，可以将漏洞分为获取访问权限漏洞、权限提升漏洞、拒绝服务攻击漏洞、恶意软件植入漏洞、数据丢失或泄露漏洞等。

②按漏洞的成因，可以将漏洞分为输入验证错误、访问验证错误、竞争条件错误、意外情况处理错误、设计错误、配置错误及环境错误。

③按漏洞的严重性分级，可以将漏洞分为低级、中级和高级三个级别。一般情况下，远程非授权文件存取、口令恢复、欺骗、信息泄露对应低级；普通用户权限、权限提升、读取受权限文件，本地和远程拒绝服务对应中级；本地与远程管理员权限对应高级。需要注意的是，上述只是通常情况，更多时候需要具体情况具体分析。例如，一个被广泛使用的软件存在口令恢复、弱口令等问题，应该对应中级或高级；一个针对流行系统本身的远程拒绝服务漏洞，应该对应高级。

④按对漏洞被利用方式的分类，可以将漏洞分为本地攻击、远程主动攻击，以及远程被动攻击等。

三、漏洞对计算机的威胁

（一）非法获取访问权限

当一个用户试图访问系统资源时，系统必须先进行验证，决定是否允许用户访问该系统。访问控制功能决定是否允许该用户具体的访问请求。假设，你是一家知名公司的员工，在你进入该公司大门时，保安先让你出示出入证明，也就是进行认证，确定你是否有进入公司领域的资格。进入大门后，你来到资料室取某个涉密资料时，资料管理员就会验证你的身份级别，是否有访问这个资料的权限，这就是访问控制。

访问权限是访问控制的访问规则，用来区别不同的访问者对不同资源的访问权限。在各类操作系统中，系统通常会创建不同级别的用户，不同级别的用户则拥有不同的访问权限。例如，在 Windows 系统中，通常有系统内置管理员（System）、系统管理员（Administrators）、特殊用户（Power users）、普通用户（Users）、来宾用户（Guests）等用户组权限划分，不同用户组的用户拥有的权限大小不一，同时系统中的各类程序也是运行在特定的用户上下文环境下，具备与用户权限对应的权限。

（二）权限提升

权限提升是指攻击者通过攻击某些有缺陷的系统程序，把当前较低的用户权限提升到更高级别的用户权限。由于管理员权限较大，通常将获得管理员权限看作是一种特殊的权限提升。

（三）拒绝服务攻击

拒绝服务攻击的目的是使计算机软件或系统无法正常工作、无法提供正常的服务。根据存在漏洞的应用程序的应用场景，可将拒绝服务攻击简单划分为本地拒绝服务攻击和远程拒绝服务攻击，前者可导致运行在本地系统中的应用程序无法正常工作或异常退出，甚至可使计算机蓝屏关机；后者可使攻击者通过发送特定的网络数据给应用程序，使提供服务的程序异常或退出，从而使服务器无法提供正常的服务。

（四）恶意软件植入

当恶意软件明确攻击目标之后，需要通过特定方式将攻击代码植入目标中。目前的植入方式可以分为两类：主动植入与被动植入。主动植入是指由程序自身利用系统的正常功能或者缺陷漏洞将攻击代码植入目标中，而不需要人的任何干预。而被动植入则是指恶意软件将攻击代码植入目标主机时需要借助用户的操作。例如，攻击者物理接触目标并植入、攻击者入侵之后手工植入、用户自己下载、用户访问被挂马的网站、定向传播含有漏洞利用代码的文档文件等。这种植入方式通常和社会工程学的攻击方法相结合，诱使用户触发漏洞。

（五）数据丢失或泄露

数据丢失或泄露是指数据被破坏、删除或者被非法读取。根据不同的漏洞类型，可以将数据丢失或泄露分为三种：第一类漏洞是由于对文件的访问权限设置错误而导致受限文件被非法读取；第二类漏洞常见于 Web 应用程序，由于没有充分验证用户的输入，导致文件被非法读取；第三类漏洞主要是系统漏洞，导致服务器信息泄露。

四、病毒利用漏洞传播的方式

（一）利用网站漏洞进行网页挂马

病毒传播者通过网站漏洞将病毒植入网站中，即进行网页挂马传播病毒，用户一旦访问这些网站，就会被病毒感染。网页挂马一般选取访问量比较大的网站，利用这些网站的影响力以及用户对常用网站的信任权限设置，提高病毒感染的数量。病毒传播者要想进行网页挂马，需要获取修改站点文件的权限。获取权限的手段包括利用系统漏洞、上传漏洞、注入漏洞、旁注漏洞、跨站漏洞等。这种病毒传播方式主要依靠网站修补漏洞、部署互联网协议群（IPS）等来防御，网站用户通过更新浏览器补丁、安装杀毒软件等来防御。

（二）利用系统漏洞传播病毒

这里所说的系统漏洞是指操作系统及其周边基础服务软件的漏洞。这类漏洞的影响范围较广，而且危害性很强。例如，病毒传播者利用网络进行传播和复制的蠕虫病毒，通过Windows远程过程调用（RPC）漏洞直接感染装有Windows系统的主机，这是网络中成片出现主机感染病毒的原因。病毒会按照一定的条件或随机选择一些IP，针对漏洞进行攻击，如果攻击成功就能在被感染主机上进行复制，并从这台主机上发起同样的攻击。一旦网络中有一定数量的主机感染该病毒，网络中的攻击流量就会明显上升，甚至拥堵网络。

（三）利用应用程序漏洞传播病毒

越来越多的病毒传播者将传播方式从系统漏洞转向第三方应用程序漏洞，这是因为应用程序提供商的安全响应速度低于系统提供商，加之应用程序用户的安全知识和安全意识不足。例如，微软Office家族常用的办公软件实现复杂，功能强大，通常每个月都会报出新的漏洞，这些漏洞就可能被病毒传播者利用。

第五节 防杀网络病毒的软件

一、防毒软件

防病毒软件主要检测外来的程序、文件和附件等，并根据检测结果及时给予告警或删除。不同的防毒软件具有不同的保护机制。通常情况下，防毒软件在安装时都被设定为默认模式。在防毒软件的运行过程中，如果保留默认设置，或为提升系统性能减少了一些保护功能，防毒软件就可能在某些重要时刻失去其应有的保护作用。因此，要根据不同的防毒软件进行不同的设置。

二、反病毒软件

随着计算机技术和反病毒技术的发展，早期的防病毒卡与其他计算机硬件卡开始衰落，逐渐退出市场，同时各种反病毒软件日益发展起来。

第一代反病毒技术：采用病毒特性代码分析清除病毒。这种方式具有很高的可靠性，能够准确清除病毒。之后随着反病毒技术的发展，尤其是变形与加密技术的运用，让这种静态扫描逐渐失去作用，反病毒技术随之得到发展。

第二代反病毒技术：采用静态广谱特征扫描方式检测病毒。这种方式能够检测出更多的变形病毒，但这种方式有一定的误报率，特别是这种特征判定方式容易损坏数据，具有一定的风险性。

第三代反病毒技术：采用静态扫描与动态仿真跟踪相结合的方式。这种方式集检测病毒与清除病毒为一体，形成一个完整的解决方案，全面实现预防、检测以及删除等反病毒所具备的各种手段，以驻留内存方式防止病毒入侵，凡是能检测到的病毒都能够清除，而且不会损坏数据。随着新型病毒技术的发展，静态扫描技术会降低反病毒软件的速度，容易产生误报。

第四代反病毒技术：基于多位循环冗余校验（CRC）和扫描机理来检测病毒。这种方式针对计算机病毒的命名规则，综合采用动态数据还原模块、启发式智能代码分析模块、自身免疫模块、内存解毒模块等反病毒技术，有效解决以往反病毒技术顾此失彼的状态。反病毒软件伴随着反病毒技术的不断提高而功能越来越强，可以清除大多数病毒。

参考文献

［1］刘永铎，时小虎. 计算机网络信息安全研究［M］. 成都：电子科技大学出版社，2017.

［2］李芳，唐磊，张智. 计算机网络安全［M］. 成都：西南交通大学出版社，2017.

［3］梁松柏. 计算机网络信息安全管理［M］. 北京：九州出版社，2018.

［4］王国才，施荣华. 计算机通信网络安全［M］. 北京：中国铁道出版社，2016.

［5］王永红. 计算机网络技术［M］. 北京：北京航空航天大学出版社，2014.

［6］周鸣争. 计算机网络［M］. 合肥：安徽大学出版社，2014.

［7］孟祥丰，白永祥. 计算机网络安全技术研究［M］. 北京：北京理工大学出版社，2013.

［8］张万民，王振友. 计算机导论［M］. 北京：北京理工大学出版社，2016.

［9］李冠楠. 计算机网络安全理论与实践［M］. 长春：吉林大学出版社，2017.

［10］吴朔媚，宋建卫. 计算机网络安全技术研究［M］. 长春：东北师范大学出版社，2017.

［11］严小红，靳艾. 计算机网络安全实践教程［M］. 成都：电子科技大学出版社，2017.

［12］王春莲，杨雪平，李燕. 计算机网络安全综合实训［M］. 北京：北京邮电大学出版社，2015.

［13］王雷. 高等计算机网络与安全［M］. 北京：北京交通大学出版社，2010.

［14］李伟超．计算机信息安全技术［M］．长沙：国防科技大学出版社，2010．

［15］赵建超．新编计算机实用信息安全技术［M］．北京：中国青年出版社，2016．

［16］黄贤文．计算机信息技术网络安全管理［J］．电脑迷，2018（3）．

［17］李博．计算机网络应用与信息安全分析［J］．无线互联科技，2018（5）．

［18］郗士杰．计算机信息系统网络安全研究［J］．网络安全技术与应用，2018（6）．

［19］程昊．计算机防火墙安全屏障与网络防范关键技术初探［J］．科技资讯，2018（7）．

［20］刘嵩鹤，梁俊．大数据时代下的计算机网络信息安全［J］．电子技术与软件工程，2018（16）．